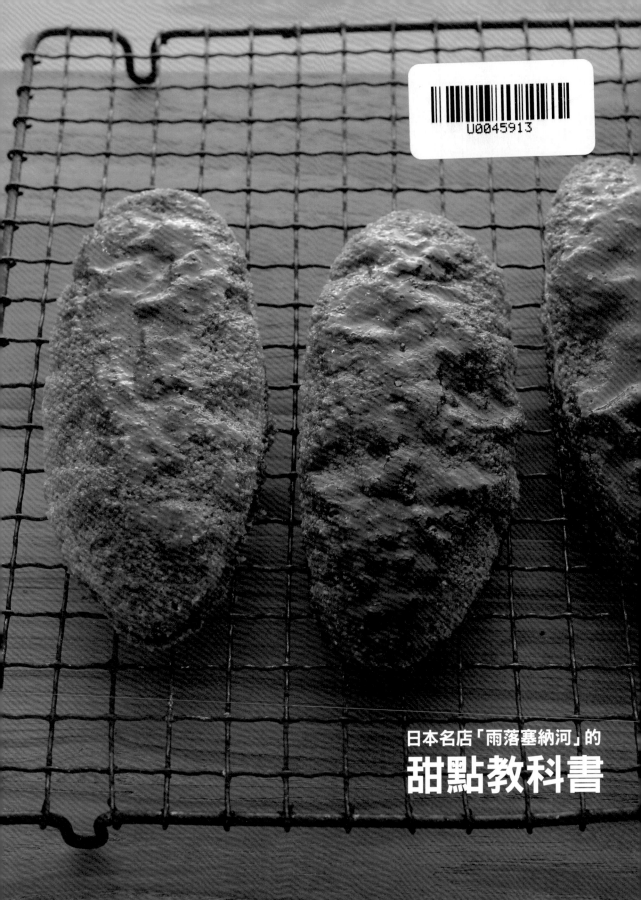

日本名店「雨落塞納河」的
甜點教科書

位於東京代官山「雨落塞納河」(IL PLEUT SUR LA SEINE)甜點店對面的法式甜點教室,每天教導著「為了讓一般家庭也能做出甜點店裡陳列的蛋糕」所設計出來的少量製作食譜。教室裡的學員自日本全國各地前來上課,從剛入門的甜點初學者到經營小餐館或咖啡店的專業人士,各種類型都有。

本書是從《燒き菓子教室(暫譯:常溫糕點教室)》(日文版1996年初版)、《生菓子教室(暫譯:冷藏糕點教室)》(日文版2002年初版)這兩本書中,精選長久以來深受喜愛的甜點,再搭配最新款的甜點,重新修訂後集結成1冊。

草莓鮮奶油蛋糕、栗子蒙布朗、奶油泡芙、布丁、乳酪蛋糕、餅乾、塔、瑪德蓮蛋糕、費南雪蛋糕……書中介紹的甜點大多數直接使用「輕鬆做西式甜點科」(舊稱:入門速成科)的授課內容,全是為了讓沒有相關知識或經驗的人也能做出道地甜點所設計的食譜。

而且與甜點教室一樣,我們的書也以「製作者為製作者編寫的書」為最重要的特色。各位在家中要怎麼樣才能做出真正美味的甜點,是我們首要的考量,與甜點教室的課程相同的是,將手持式電動攪拌器的攪拌棒當成打蛋器或木鏟一樣的攪拌器具來使用,詳細地標示出攪拌次數、溫度和時間等,設法讓每個人都能做出美味的甜點。

不使用特別的器具,只以少量製作的食譜就能做出道地甜點的書應該僅此一本吧。我們現在還常常聽到《常溫糕點教室》或《冷藏糕點教室》的讀者說,「雖然至今做過各類食譜,但是照著這本書製作時,甜點好吃的程度就像自己的手藝很厲害一樣,自己都嚇一跳。」「至今我還是珍藏著這本書。」都已經是10多年前的書了,還能讓大家珍藏著,持續不斷地重複做著那些甜點,我想是因為那些甜點真的很好吃吧。

近來標榜「輕鬆」、「簡單」的食譜變多了,但是終究還是真正美味而且能溫暖人心的料理和甜點,才會讓人投注心力、花工夫去製作。

未曾使用「雨落塞納河」的食譜做過甜點的人,剛開始可能常常不知道該怎麼做,首先請將食譜看過一遍,確實地量好全部的材料,完成準備的工作,然後在製作甜點時嘗試努力解決問題。最後一定可以做出美味的甜點喔。

希望大家也會喜歡這本重新編寫的書。然後,如果想要製作更多更多美味的甜點時,請務必前來我們代官山的教室看看。

2014年8月
椎名眞知子

3

目次

1 常溫糕點篇

2 冷藏糕點篇

▶材料基本上是以公克表示。以0.1g為單位表示的部分，是與以小匙為標準的分量一起算。

▶計量匙1大匙=15cc，1小匙=5cc。

▶蛋的M尺寸是50g（去除蛋殼），蛋黃是15g，蛋白是35g。

▶奶油全部都是使用無鹽奶油。

▶麵粉要預先過篩備用。

▶手粉基本上是使用高筋麵粉。

▶「果醬基底」（AIKOKU株式会社）是用於果醬或裝飾凝凍的凝固劑。

▶如果沒有特別指定的話，烘焙紙是使用一般的捲筒烘焙紙。

▶本書中將微波烤箱和瓦斯烤箱的烘烤溫度、時間並列在一起。以「微波烤箱」和「瓦斯烤箱」表示。

▶使用瓦斯烤箱的話，在烘烤時間大約過一半時，要調換烤盤的前後位置。以上下2段烘烤時，上下也要調換。

▶烘烤時間僅供參考。是否烘烤完成請自行目測觀察後再判斷。

▶材料自「雨落塞納河」的店鋪、網路商店購買（p135）。

▶本書是以《フランス菓子店『イル・ブルー・シュル・ラ・セーヌ』の焼き菓子教室（暫譯：法式甜點店「雨落塞納河」的常溫糕點教室）》（日文版1996年初版）和《フランス菓子店『イル・ブルー・シュル・ラ・セーヌ』の生菓子教室（暫譯：法式甜點店「雨落塞納河」的冷藏糕點教室）》（日文版2002年初版）這兩本書為基礎，將食譜全部重新修訂後匯整成一本。

攝影……日置武晴　設計……飯塚文子　編輯……鍋倉由記子

製作甜點的心得

稍微多用點心，其實是製作美味甜點的關鍵。
在開始製作之前請先確認一下吧。

◎正確地計量分量、溫度、時間
好好地遵照食譜的標示，可以減少失敗的情況。

◎可能的話，讓室溫維持在20℃左右
為了在製作過程中即使費時稍久一點，材料的溫度也不會升高，請注意室內的溫度。

◎冷藏室的溫度要接近0℃，冷凍室則接近-20℃
為了讓材料或麵糊維持在較好的狀態，要盡可能放入低溫的冷藏室或冷凍室內。

◎事先準備充分的冰
使用冰水時，為了避免做到一半出現慌亂的情況，事先就要準備好足量的冰。

◎仔細了解自己的烤箱
烤箱的溫度或烘烤時間，會依機型或尺寸大小等因素而有所不同。如果已經到了標示的時間還是只有淡淡的上色，那麼下次製作時將烤溫調高10℃後再烤烤看，相反的，如果還沒到標示的時間就已經烤出很深的顏色了，下次則要將烤溫調低10℃後再烤烤看，請像這樣配合自己的烤箱調整烘烤的時間和溫度。此外，在使用烤箱的20分鐘前開始預熱，充分預熱後備用。打開烤箱門時，烤箱內的溫度會急遽下降，所以烤箱的預熱溫度要設定得比烘烤甜點時的溫度來得高，微波烤箱要高20℃左右，瓦斯烤箱則要高10℃左右。

◎充分烘烤蛋糕體
為了確實地讓水分消失，蛋糕體要好好地烘烤。烤到即使糖漿滲入後蛋糕體也不會變得濕軟，擁有清爽的口感和風味。

◎漂亮地切開
希望製作完成的甜點，能以漂亮的外形呈現。蛋糕基本上是以波浪型刀峰的蛋糕刀來切。將波浪型蛋糕刀浸泡在滾水中，稍微瀝乾水分後下刀，即可切出漂亮的切面。不過，如果是使用鮮奶油製作的蛋糕，為了顧及鮮奶油並不耐熱，波浪型蛋糕刀要先浸泡在溫水中。此外，不管切什麼甜點，重要的是切過一次甜點就要用布巾擦拭刀子。

基本的材料

製作美味的甜點要從徹底了解材料開始。
還要注意保存的方法。

麵粉

低筋麵粉、高筋麵粉都是容易取得的材料,所以沒有問題。將兩者混合後再使用的話,會有點近似法國的麵粉。重點在於要避免濕氣。塑膠袋套成2層後將麵粉放入,連同乾燥劑一起密封起來,置於室溫中保存。受潮的麵粉會變得不容易和其他的材料混合在一起。

砂糖

主要使用的是細砂糖。雖有顆粒粗細之分,但不論哪一種都可以。此外,使用上白糖的話,烤過的顏色會變深,感覺甜味也變會得更濃。糖粉要使用加入玉米粉的製品或是沒有添加物的製品也都可以。

蛋

蛋黃一定要使用新鮮雞蛋的蛋黃。此外,全蛋不破殼,放置在大約20℃的場所2～3天,破殼之後成為攤平的一片較好打發。蛋白則是使用只將蛋白分離出來,放置在大約20℃的場所2～3天之後再冰過的蛋白,會更好打發。

奶油

本書中所寫的「奶油」,全部都是使用無鹽奶油。奶油一旦融化之後就無法還原成原來的狀態。要保存在冰箱冷藏室溫度低的地方或是冷凍室中(預先切成容易使用的大小就很方便)。冷凍後的奶油要在使用的前一天移入冷藏室中解凍。

鮮奶油

因為鮮奶油受熱後容易產生變化，所以溫度的管理非常重要。如果事先放在5℃以上的地方，入口後溶化的口感會變差，所以要存放在冷藏室中溫度低的地方（但是要避免結凍），作業時要隔著冰水迅速操作。基本上是使用乳脂肪成分42％的鮮奶油，如果使用的是不同乳脂肪成分的鮮奶油，會清楚地標示在材料表中。

巧克力

主要使用的是調配了大量可可脂的甜點用巧克力。還使用了添加植物性油脂、很容易處理的西式生巧克力等。兩者都是歐洲生產的，風味極佳。為了隔絕空氣和光線，密封之後保存。在冰箱冷藏室中可以保存半年左右。

吉利丁粉

計量時些微的誤差會讓凝固的狀態發生變化，這是處理吉利丁粉時的困難之處。請使用以1g為單位的電子秤正確地計量。加入冷水混勻後，放入冰箱冷藏室30分鐘左右，泡開之後即可使用。本書中使用的是「JELLICE」公司出品的吉利丁粉。依照製造商的不同，吉利丁粉凝固的狀態等會有所差異。

洋酒

洋酒能讓甜點的味道變清爽，提引出素材的特色、加深印象，是甜點中的重要角色。也可以依照喜好調整分量。由於香氣很容易散失，所以開封後要盡快用完。小瓶裝的洋酒使用起來很方便。

香料

「香氣」是決定美味程度的關鍵之一。主要是使用整根香草莢和香草精。添加香草可以讓味道更飽滿，變得更加美味。添加的分量以能明確地聞到香氣為標準。整根香草莢以香氣豐富、外表略微光滑者品質最佳。

水果

日本水果的味道或香氣多數比較清淡，所以有時候使用罐頭製品來製作甜點會比使用新鮮水果製作更好吃。使用新鮮水果製作的甜點，盡量挑選可以確實感受到甜味或酸味的水果，並以洋酒或香料等補足風味。

基本的器具

只需使用恰當的器具，
就能確實提升製作甜點的能力。
慢慢地將這些器具準備齊全吧。

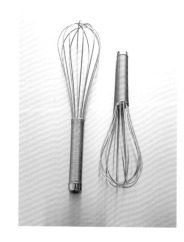

打蛋器

打蛋器要使用鐵絲牢固的
製品。備齊大小2根，使用
起來會很方便。

手持式電動攪拌器

使用轉速可以依低速、中
速、高速分成3階段調整
且配備2根攪拌棒的機
型。攪拌棒的前端比根部
（安裝的部分）來得寬大
的攪拌器比較容易打發。
攪拌棒也可以從手持式電
動攪拌器拆卸下來，當作
攪拌器具單獨使用。

電子秤

準備以1g為單位計量的
電子秤。附有可以扣除容
器重量、將數值歸零這種
功能的產品，使用起來就
很方便。可能的話，如果
有以0.1g為單位計量的微
量計，使用起來會更加便
利。

不鏽鋼缽盆

A：用途廣泛的一般款式。
如果備有大（直徑21cm）、
中（直徑18cm）、小（直徑
15cm）不同尺寸，使用起來
會比較方便。
B：使用手持式電動攪拌
器進行打發作業時，建
議使用側面對著底部近
乎垂直，深度要深一點的
盆子。可以很有效率地打
發。附有握柄的小型缽盆
（直徑14cm）使用1根攪
拌棒，大型缽盆（直徑18
cm）使用2根攪拌棒進行
打發。

銅缽盆、
耐熱玻璃缽盆

銅缽盆：導熱的方式很溫
和是它的特色。建議使用
厚質的缽盆。也可以用琺
瑯製或厚質的不鏽鋼鍋代
替。
耐熱玻璃缽盆：導熱和緩，
不會有金屬的味道。請選
用厚質的缽盆。適合長時
間以小火加熱，但不適合
大火加熱。

厚質小鍋

在製作少量的糖漿或果醬時建議使用這種小鍋。因為口徑小，加熱的表面積少，所以可以防止水分過度蒸發。直徑9cm的小鍋也很好用。

溫度計

溫度要正確地測量。備齊量測範圍分別到100℃和200℃的溫度計就萬無一失了。溫度計一定要探入鍋子或缽盆的底部來量測。此外，加熱過的糖漿等的溫度，若將溫度計垂直地插入鍋子或缽盆的底部，即可正確地測出溫度。

擠花袋和擠花嘴

要擠出麵糊或奶油霜時所使用的器具。擠花嘴的種類由左起為圓形、星型、蒙布朗用、平波（只有單側呈鋸齒狀的擠花嘴）。此外，在擠出鮮奶油霜時，如果將慣用手（握住擠花袋的手）戴上厚質棉紗手套的話，可以防止手的溫度傳導至鮮奶油霜。

■擠花袋的用法

1 將擠花袋的尖端剪掉，套入擠花嘴。如果要填入奶油霜，就將擠花袋塞入擠花嘴中。

2 將擠花袋口往外側翻摺，握住翻摺相疊的部分。以刮板等器具將麵糊或奶油霜填入擠花袋中。

3 將翻摺的部分翻回來，再將袋中的內容物移往擠花嘴那一端。如果是奶油霜的話，也將擠花袋塞入擠花嘴的部分復原。以內容物塞滿至前端為止的狀態開始擠花。

碼錶

在量測打發的時間等時候使用。即使不太清楚打發的狀態，時間也可以成為判斷的標準。使用普通手錶計時也沒關係。

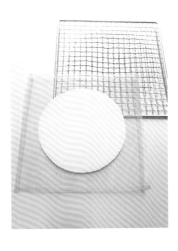

金屬網、石棉網（陶瓷纖維網）

金屬網：使用於底部較小的鍋子等要以火加熱的時候。

石棉網：耐熱玻璃缽盆以直火加熱時容易破裂，所以要將石棉網疊在金屬網上。

基本的攪拌方式、打發方式

影響甜點成品的關鍵在於攪拌的方式和打發的方式。

在此為大家介紹，新手也不容易失敗、「雨落塞納河」式的方法。

以畫圓的方式攪拌（使用打蛋器）

用途：在打散的蛋黃中混入糖漿時等各種情況。

由上方輕輕握住打蛋器的握把，將前端輕輕碰觸缽盆底部，同時像在畫大圓圈一樣轉動攪拌。這樣可以將全體混拌得很均勻。

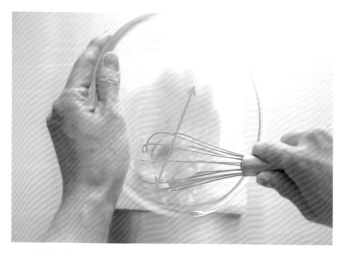

以直線移動的方式攪拌（使用打蛋器）

用途：打散蛋黃時、將蛋黃和細砂糖混合時，或將鮮奶油重新打發時等情況。

將缽盆稍微傾斜，讓材料聚集在一處，以直線來回的方式移動，集中攪拌。以10秒鐘內大約來回7～8次的速度進行。迅速攪拌均勻。

以畫漩渦的方式攪拌（使用手持式電動攪拌器的攪拌棒）

用途：將打發的全蛋或蛋黃、麵粉與蛋白霜一起攪拌時等情況。

由中心往外側像畫漩渦一樣慢慢地攪拌，並以同樣的攪拌方式由外側回到中心（這樣子算1次）。以5秒之內做1次左右的速度為標準。因為攪拌棒的薄板狀葉片有適當的空隙，所以可以在不太會破壞氣泡的情況下，以切拌的方式攪拌。

以往上舀起的方式攪拌（使用打蛋器）

用途：將鮮奶油與比鮮奶油重的奶油霜攪拌混合時等情況。

將打蛋器從缽盆的邊緣往另一邊的邊緣，以搓磨的方式俐落地往上舀起，同時將缽盆在近身處一點一點地轉動。沉到下面的奶油霜也可以攪拌得很均勻。

攪拌底部（使用打蛋器）

用途：一邊加熱材料一邊攪拌，或是下面墊著冰水一邊冷卻一邊攪拌時。

將打蛋器豎起來拿著，一點一點地不規則攪動，同時以輕輕搓磨的方式將底部整體迅速地攪勻。可以防止只有底部或周圍凝固，將全體攪拌均勻。

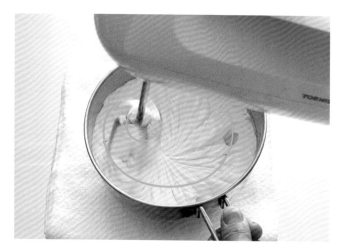

以1根攪拌棒攪拌（使用手持式電動攪拌器）

用途：打發的量很少的時候。

慣用右手的人將攪拌棒裝在左側，然後將手持式電動攪拌器往右邊轉動（慣用左手的人則採相反方向）。將手持式電動攪拌器朝著與攪拌棒旋轉方向相反的方向轉動，可以讓材料的流動互相撞擊，很有效率地打發。

以2根攪拌棒打發（使用手持式電動攪拌器）

用途：打發的量很多的時候。

水平握住手持式電動攪拌器，靈活地運用手腕，以攪拌棒偶爾會輕輕碰觸到缽盆的程度，用畫圓的方式轉動。以1秒之內轉動3次左右的速度為標準。避免在缽盆的正中央小幅地轉動或是讓攪拌棒嘎啦嘎啦地用力碰撞缽盆。

以1根攪拌棒逆向轉動（使用手持式電動攪拌器）

用途：將呈髮蠟狀的奶油等凝固而難以攪拌的材料與其他材料混合時。

以與平常相反的方向轉動手持式電動攪拌器（慣用右手的人向左轉動）。
因為與攪拌棒轉動的方向一致，所以可以輕鬆地攪拌，不會拌入多餘的空
氣。

刮除沾黏在缽盆上的麵糊（所有的攪拌方式皆同）

用途：攪拌全部的麵糊時。

攪拌時很容易有麵糊殘留在缽盆的周圍，所以在攪拌到一半的時候要先
用橡皮刮刀清理。

1

常溫糕點篇

Madeleine
瑪德蓮蛋糕

檸檬的清爽風味和蘭姆酒的濃烈香氣發揮了功效。
可以想見這是素材特色鮮明、別具一格的瑪德蓮蛋糕。

材料〔6.5×6.5㎝的瑪德蓮模具9個份〕

全蛋……61g
細砂糖……39g
上白糖……39g
檸檬皮（磨成碎末）……½個份
酸奶油……33g
低筋麵粉……17g
高筋麵粉……17g
泡打粉……⅔小匙（3.3g）
奶油……22g
蘭姆酒……6g

預先準備

・將低筋麵粉、高筋麵粉、泡打粉混合過篩。
・將全蛋、細砂糖、上白糖、檸檬皮、酸奶油、
　粉類放入冰箱冷藏（※1）。
・奶油融化到35℃左右（※2）。
・在模具內側塗抹奶油，再撒上高筋麵粉（分量
　外）。

◎**美味的製作重點**
※1……將材料事先冰過備用，就能做出味道和口感
都很扎實的甜點。
※2……融化的奶油在35℃左右是最佳溫度。如果高
過這個溫度，將材料事先冷卻就失去意義了。
※3……與具有獨特刺激甜味的上白糖一起使用，味
道會更濃郁。

◎**烘烤完成的標準**
將蛋糕體全部烤成淡淡的金黃色。

◎**享用期限**
當天～2天後。

製作麵糊 ▶▶▶

1

**在全蛋中加入細砂糖、
上白糖和檸檬皮**
將全蛋以打蛋器打散後，加入細砂糖、上白
糖（※3）、檸檬皮。

2

以直線移動的方式攪拌
將缽盆向近身處傾斜，以大約40秒之內上
下移動60次左右的速度攪拌。

3

將¼加入酸奶油中
在另一個缽盆中以打蛋器將酸奶油打散
後，加入¼的**2**。

4

以畫圓的方式攪拌

像在畫圓圈一樣地攪拌，讓酸奶油軟化到
可以輕易拌入2中。

5

加在剩餘的2之中

使用橡皮刮刀，倒回剩餘的2之中。

6

以直線移動的方式攪拌

將缽盆傾斜，在大約20秒內以直線移動的
方式攪拌30次左右。

7

將粉類分成5～6次加入

將粉類以湯匙撒在整體之上，分成5～6次
加入。

8

每次都以畫圓的方式攪拌

用打蛋器以畫圓的方式慢慢攪拌至看不到
粉類為止。結束攪拌之後，再攪拌10次左
右。

9

將缽盆內側清理乾淨

以橡皮刮刀將沾附在缽盆上的麵糊清理乾
淨。

10

**將融化的奶油
分成5～6次加入**

將融化的奶油像畫漩渦一樣繞淋在整體麵
糊中，分成5～6次加入。

11

每次都以畫圓的方式攪拌

以畫圓的方式慢慢攪拌至看不到奶油為
止。結束攪拌之後，再攪拌10次左右。

12

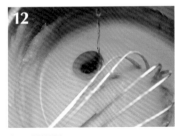

加入蘭姆酒

加入蘭姆酒，分量要足以感受到香氣，再以
畫圓的方式攪拌。

烘烤 ▶▶▶

13

將麵糊移入另一個缽盆中

以打蛋器用畫圓的方式攪拌時上下難以混
合，所以藉由移入另一個缽盆中，讓麵糊的
上下翻轉。

14

以畫圓的方式攪拌

攪拌10次左右，消除麵糊不均勻的情形。攪
拌至以打蛋器舀起時，變成黏糊糊地流下
來的狀態。

15

倒入模具中，烘烤

將麵糊倒入瑪德蓮模具中，然後烘烤。
微波烤箱：200℃烤13～15分鐘
瓦斯烤箱：180℃烤12～13分鐘

Financier

費南雪蛋糕

吃起來外層酥脆，裡層則是入口即化。
是一款味道和口感都複雜有層次的甜點。

材料〔4.5×7cm的橢圓形模具10個份〕

奶油……76g
蛋白（※1）……76g
細砂糖……76g
水麥芽（水飴）……14g
杏仁粉……31g
低筋麵粉……15g
高筋麵粉……15g
香草精……5滴

預先準備

・準備焦香奶油要用的冰水。
・將水麥芽加熱軟化。
・在模具內側塗抹奶油，再撒上高筋麵粉（分量外）。

◎**美味的製作重點**

※1……使用不是太新鮮的蛋白。用新鮮的蛋白製作會烤不出入口即化的口感。

※2……沉澱物變成黑色時就是煮得太焦了。味道和香氣都會變得單調乏味。連同鍋子浸在冰水中急速冷卻可以讓顏色停止變深。

※3……因為之後加入溫熱的焦香奶油時水麥芽會融化，所以即使水麥芽難以攪拌也不用擔心。

※4……焦香奶油以直火加熱至80℃左右。因為不易攪拌，所以最初的一半要一點一點地加入。記得沉澱物也要一起加入。

◎**烘烤完成的標準**

將全體烤成深褐色。

◎**享用期限**

當天～3天後。

製作麵糊 ▶▶▶

1　製作焦香奶油

以中火加熱奶油，奶油變色之後改為小火，以湯匙一面攪拌一面煮焦。沉澱物變成深褐色之後，連同鍋子下方墊著的冰水急速冷卻（※2）。

2　將細砂糖、水麥芽加入蛋白中

以打蛋器打散蛋白，加入細砂糖和水麥芽之後，以直線移動的方式快速攪拌。攪拌成質地細緻滑順的泡沫（※3）。

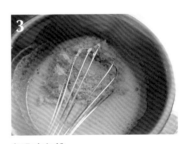

3　加入杏仁粉

蛋白全體明顯變白，從底部舀起時也沒有透明的部分之後即可加入杏仁粉，以畫圓的方式攪拌。

烘烤 ▶▶▶

4　將粉類分成6～7次加入

將粉類分成6～7次加入，每次都要用打蛋器從缽盆的底部以往上舀起的方式攪拌。加完粉類之後，再攪拌20次左右。

5　將焦香奶油分成6～7次加入

將加熱到80℃的焦香奶油（※4）用湯匙以滴落的方式加入麵糊中，再用打蛋器以畫圓的方式攪拌。加入香草精後，再攪拌20次左右，將麵糊攪拌均勻。

6　倒入模具中，烘烤

以湯匙將麵糊舀入模具中至9分滿，然後烘烤。烤好之後立即脫模。
微波烤箱：240℃烤5分鐘→220℃烤6分鐘
瓦斯烤箱：210℃烤3分30秒→170℃烤6分30秒

Le Tigré
虎紋費南雪蛋糕

在費南雪蛋糕的麵糊中加入巧克力後，烤出帶有虎紋的蛋糕。
在凹洞裡倒入巧克力醬就完成了。

材料〔口徑6cm的薩瓦蘭模具10個份〕

蛋白……64g

細砂糖……64g

水麥芽……14g

杏仁粉……28g

低筋麵粉……14g

高筋麵粉……14g

焦香奶油（p21）……64g

香草精……3滴

甜點用的牛奶巧克力……20g

◎巧克力醬

糖漿
┌ 水……10g
└ 細砂糖……10g

牛奶……15g

甜點用的牛奶巧克力……20g

西式生巧克力……20g

香草精……2滴

預先準備

・將甜點用的牛奶巧克力（麵糊用）切細成3mm大小的方塊，過篩。

・將巧克力醬要用的水和細砂糖先煮滾之後再冷卻，製作糖漿。

・在模具內側塗抹奶油，再撒上雙目糖（粗粒的細砂糖，分量外）。

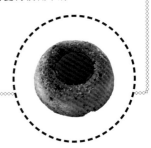

◎**美味的製作重點**

※1……焦香奶油加熱至60℃。一口氣加入的話往往會產生分離的現象，所以要一點一點地加入。

※2……如果麵糊沒有事先徹底冷卻的話，巧克力會融化，麵糊和巧克力的對比就會變得模糊不清。

◎**烘烤完成的標準**

將全體烤成深褐色。

◎**享用期限**

當天～3天後。

製作麵糊 ▶▶▶

1

將細砂糖、水麥芽加入蛋白中

以打蛋器打散蛋白，加入細砂糖和水麥芽之後，以直線移動的方式攪拌15次左右。攪拌成質地細緻滑順的白色泡沫。

2

加入杏仁粉和粉類

加入杏仁粉之後以畫圓的方式攪拌均勻。再加入低筋麵粉和高筋麵粉，攪拌至看不到粉類為止。

3

加入焦香奶油

以滴落的方式加入焦香奶油（※1），然後以畫圓的方式迅速攪拌。再加入香草精攪拌，然後移至另一個缽盆中攪拌10次左右。

4

冷卻後加入巧克力

在缽盆下墊著冰水讓麵糊徹底冷卻。加入切細的巧克力後攪拌均勻（※2）。

烘烤 ▶▶▶

5

倒入模具中，烘烤

以湯匙將麵糊舀入模具中至9分滿，然後烘烤。烤好之後立即脫模。

微波烤箱：200℃烤13分鐘

瓦斯烤箱：180℃烤13分鐘

完成 ▶▶▶

6

在凹洞中倒入巧克力醬

在糖漿和牛奶中加入2種巧克力煮融之後，再加入香草精。隔著冰水冷卻後，倒入已經放涼的蛋糕的凹洞裡。

Moelleux au Chocolat
熔岩巧克力蛋糕

在口感有點乾的蛋糕體中，加入濕潤的巧克力甘納許製成的可愛甜點。
在擠出來的巧克力麵糊中放入巧克力甘納許，先冷凍之後再烘烤。

**材料〔直徑5.5cm無底圈型
模具9個份〕**

蛋黃⋯⋯32g
奶油⋯⋯30g
甜點用的半甜巧克力
　⋯⋯100g
甜點用的甜巧克力
　⋯⋯100g
香草精⋯⋯5滴
鮮奶油⋯⋯20g
蛋白霜
┌ 蛋白（※1）⋯⋯120g
└ 細砂糖⋯⋯57g

低筋麵粉⋯⋯12g
高筋麵粉⋯⋯12g

◎巧克力甘納許
鮮奶油⋯⋯40g
水麥芽⋯⋯3g
玉米粉⋯⋯3g
甘納許用的巧克力（p126）
　⋯⋯45g
香草精⋯⋯5滴

糖粉（完成時使用）⋯⋯適量

預先準備

・將奶油和2種巧克力混合在一
　起，以40℃的熱水隔水加熱融
　化。
・將甘納許用的巧克力切細。
・在模具內側塗抹奶油（分量
　外），再鋪上烘焙紙。

製作巧克力甘納許
將鮮奶油、水麥芽、玉米粉以火加熱,攪拌成糊狀。關火之後加入切細的巧克力和香草精,用打蛋器以畫圓的方式攪拌。

擠成圓球狀,放入冷凍室冷卻
倒入長方盤中,放入冰箱冷凍室冷卻至可以擠出來的硬度。填入裝好10mm圓形擠花嘴的擠花袋中,擠成圓球狀後再放入冰箱冷凍室1小時左右冷卻凝固。

將蛋黃拌入奶油和巧克力中
在融化的奶油和2種巧克力中加入打散的蛋黃,再用打蛋器以畫圓的方式攪拌均勻。加入香草精和鮮奶油,然後攪拌。

製作蛋白霜
在另一個缽盆中放入蛋白和細砂糖4g,再用手持式電動攪拌器(2根攪拌棒)以中速攪拌1分鐘、高速攪拌1分30秒,加入其餘的細砂糖後打發30秒。

在3中加入粉類
在3中加入低筋麵粉和高筋麵粉,然後以畫圓的方式慢慢攪拌至看不到粉類為止。

加入蛋白霜
以攪拌棒舀起蛋白霜加入5裡,再用那根攪拌棒以畫圓的方式慢慢攪拌。攪拌至看不到蛋白霜之後,再加入剩餘的蛋白霜攪拌。

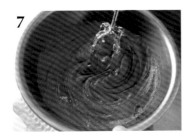

移入另一個缽盆中,攪拌
將麵糊移入另一個缽盆中,讓麵糊上下翻轉,然後再攪拌10次左右。

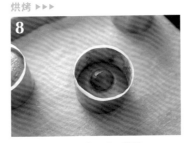

將麵糊和2放入模具中,烘烤
以裝好10mm圓形擠花嘴的擠花袋,將麵糊擠入模具中至⅓處,放上2之後再擠至9分滿,然後烘烤(※2)。烤好之後立即將烘焙紙撕除,再撒上糖粉。
微波烤箱:190℃烤17〜18分鐘
瓦斯烤箱:180℃烤15〜17分鐘

◎**美味的製作重點**
※**1**……為了避免攪拌時巧克力冷卻凝固,蛋白要在製作蛋白霜的大約5分鐘之前,從冰箱冷藏室中取出備用(約15℃)。
※**2**……冷凍的巧克力甘納許在融化後會變成濃稠柔軟的狀態。

◎**烘烤完成的標準**
蛋糕體在烤箱中大幅地膨脹之後,再塌陷下來,表面變平。

◎**享用期限**
當天〜2天後。

Dacquoise au Café
咖啡達克瓦茲餅

口感輕柔的杏仁餅以咖啡奶油霜為夾餡。
撒在表面的糖粉，脆脆的口感是特殊的亮點。

材料〔4×6㎝，11～12個份〕

蛋白霜
 ┌ 蛋白……100g
 └ 細砂糖……30g
糖粉……45g
杏仁粉……75g
糖粉……適量

◎咖啡奶油霜
奶油霜（p89）……100g
 ┌ 蛋黃……40g
 │ 糖漿
 │ ┌ 水……33g
 │ └ 細砂糖……100g
 │ 奶油……200g
 └ 香草精……5滴
即溶咖啡……5g
熱水……5g

預先準備

・以雙手搓磨混合糖粉和杏仁粉，過
　篩2次。
・依照p89「製作柳橙風味奶油霜」
　1～9的要領製作奶油霜。
・以熱水溶解即溶咖啡。
・製作達克瓦茲餅使用的模具。將
　厚10㎜的保麗龍板切割挖出4×6
　㎝橢圓形的洞，再以銼刀將切口磨
　平。用噴霧器將切口噴濕（※1）。

1

製作蛋白霜

將細砂糖20g加入蛋白中,然後用手持式電動攪拌器(2根攪拌棒)以中速攪拌1分鐘,高速攪拌2分鐘打發起泡。加入剩餘的細砂糖後,以高速攪拌1分鐘打發(※2)。

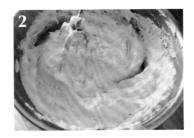

2

加入糖粉和杏仁粉

將糖粉和杏仁粉以每次2湯匙撒入蛋白霜中,分成5~6次加入,然後用攪拌棒以畫漩渦的方式慢慢攪拌。全部加入之後,再仔細攪拌30次左右。

3

擠出杏仁蛋白糊,脫模

在烤盤上鋪紙,放上模具。將**2**填入擠花袋中(不必安裝擠花嘴),擠出比模具還高的杏仁蛋白糊,再以抹刀抹平。一面輕輕搖晃模具一面往上拿起即可脫模。

4

製作蛋白霜

先撒1次糖粉,過5分鐘之後再撒1次糖粉,然後去烘烤。

微波烤箱:180℃烤16~17分鐘

瓦斯烤箱:170℃烤15分鐘

5

加入咖啡並攪拌

在奶油霜中加入已經溶解的即溶咖啡,再以木鏟等攪拌均勻。

6

夾入咖啡奶油霜

待烤好的杏仁蛋白餅冷卻之後以2個為1組。將咖啡奶油霜填入已裝好13mm圓形擠花嘴的擠花袋中,在1片餅乾上擠出10g,再用另1片餅乾夾起來。

◎**美味的製作重點**

※1……用噴霧器將模具噴濕後,杏仁蛋白糊就很容易脫模。

※2……使用不會太新鮮的蛋白,就能打出硬度堅挺的蛋白霜。

◎**烘烤完成的標準**

將全體烤成淡淡的金黃色。

確認底部是否也已經烤成金黃色。

◎**享用期限**

當天～1週。放入冰箱冷藏保存。

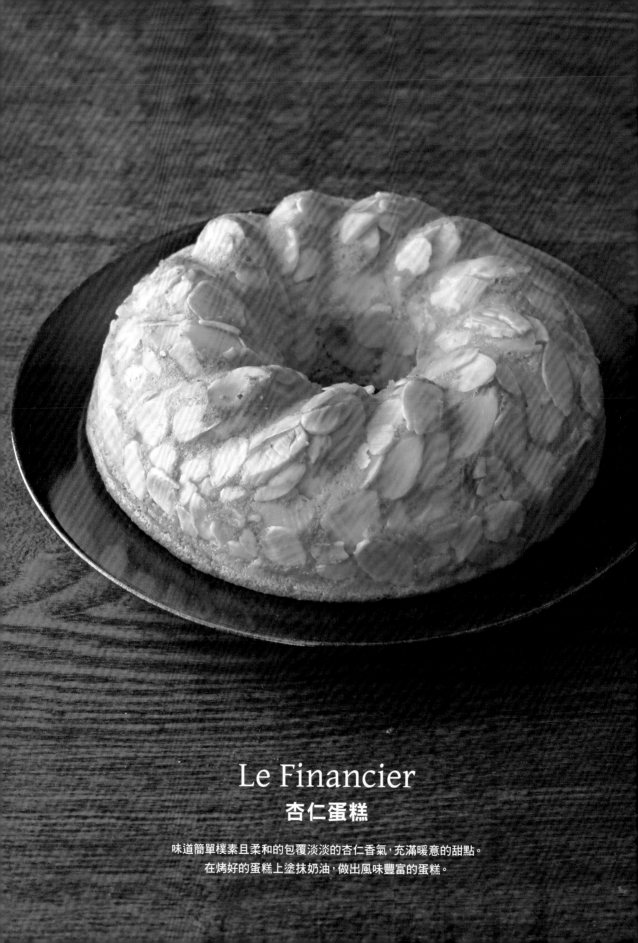

Le Financier
杏仁蛋糕

味道簡單樸素且柔和的包覆淡淡的杏仁香氣，充滿暖意的甜點。
在烤好的蛋糕上塗抹奶油，做出風味豐富的蛋糕。

材料〔16cm的花形模具1個份〕

全蛋……47g
蛋黃……17g
杏仁粉……38g
細砂糖……38g
蛋白霜
　┌ 蛋白……30g
　└ 細砂糖……25g
低筋麵粉……17g
高筋麵粉……17g
融化的奶油……32g

◎完成時使用
杏仁片……適量
融化的奶油……20g

預先準備

・在模具內側塗抹奶油（分量外），再貼附杏仁片（※1）。

◎**美味的製作重點**
※1……使用多一點杏仁片，蛋糕會更香更好吃。
※2……因為不易攪拌，所以融化的奶油要一點一點地加入。
※3……塗上奶油可以防止表面變乾燥，讓味道更有深度。

◎**烘烤完成的標準**
將全體烤成淡淡的金黃色。
將竹籤插入，沒有麵糊沾黏之後再烤5分鐘。

◎**享用期限**
當天～5天後。

製作麵糊 ▶▶▶

1 將蛋、杏仁粉、細砂糖打發
將全蛋、蛋黃、杏仁粉、細砂糖混合後，用手持式電動攪拌器（1根攪拌棒）以高速打發1分30秒。

2 打發至呈緞帶狀垂落
用攪拌棒舀起蛋糊時，變成很滑潤而且呈緞帶狀迅速垂落的狀態。

3 製作蛋白霜
將蛋白和細砂糖5g用手持式電動攪拌器（1根攪拌棒）以中速攪拌1分鐘，再高速攪拌1分30秒打發。加入剩餘的細砂糖後，以高速打發30秒。

4 加入一半的2，以畫漩渦的方式攪拌
在蛋白霜中加入一半的2，再用攪拌棒以畫漩渦的方式慢慢攪拌。

5 加入剩餘的2
在還沒完全攪拌均勻時，用橡皮刮刀將剩餘的2全部加入缽盆中。

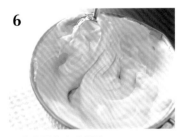

6 以畫漩渦的方式攪拌
用攪拌棒以畫漩渦的方式攪拌。

7

加入一半的粉類，攪拌

在還有蛋白霜殘留的時候，將2湯匙左右的粉類撒在整體之上，再以畫圓的方式輕輕攪拌。

8

加入剩餘的粉類，攪拌

加入剩餘的粉類，以畫圓的方式攪拌至還有少許粉類殘留。

9

將麵糊移入另一個缽盆中

移入另一個缽盆中讓麵糊上下翻轉，再用湯匙以畫圓的方式攪拌5次左右。

10

加入融化的奶油，攪拌

以湯匙將融化的奶油滴入麵糊中（※2），再以畫圓的方式慢慢攪拌25次左右。

烘烤 ▶▶▶

11

倒入模具中，烘烤

將麵糊倒入模具中，然後烘烤。
微波烤箱：170℃烤15分鐘→180℃烤18～19分鐘
瓦斯烤箱：160℃烤30分鐘

完成 ▶▶▶

12

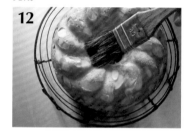

塗上融化的奶油

趁著烤好的蛋糕還熱騰騰時，以毛刷將融化的奶油（完成時使用）塗抹在蛋糕上（※3）。

Cake Marbré
大理石蛋糕

拌入巧克力麵糊後烤出大理石的紋路。
仔細攪拌的話紋路細密複雜，大略混拌則給人大塊樸素的印象。
可以依照個人的喜好製作出各種不同的樣貌。

材料〔直徑16㎝的咕咕霍夫模具1個份〕

奶油……94g

細砂糖……33g

紅糖……22g

蛋黃……77g

柳橙香精*……3g

香草精……9滴

蛋白霜

[蛋白……50g

  細砂糖……23g

低筋麵粉……83g

奶粉（全脂奶粉）……2g

泡打粉……2g

甜點用的甜巧克力……88g

*為了增添風味而使用的柳橙醬。

預先準備

·將奶油放在室溫回軟（※1）。

·將低筋麵粉、奶粉、泡打粉混合過篩。

·將甜點用的甜巧克力切碎，以隔水加熱的方式融化。

·在模具內側塗抹奶油後讓它冷卻，再撒上高筋麵粉（分量外）。

◎**美味的製作重點**

※1……勉強攪拌冷卻變硬的奶油會拌入空氣，減弱味道給人的印象，所以要讓奶油充分回軟備用。如果太硬的話，以小火加熱缽盆的底部，相反的，如果變得太軟，則以浸在冰水中等方式調整。

※2、3……攪拌50次是很多的次數。換句話說，兩者都是要仔細攪拌。

※4……加入蛋白霜之前，蛋糊的狀態很重要。如果蛋糊太硬的話，蛋白霜消泡之後成品也會變硬。

◎**烘烤完成的標準**

將表面烤成金黃色。

會收縮得比模具略小一點。

◎**享用期限**

當天～1週後。

製作麵糊 ▶▶▶

1

攪拌奶油

將奶油用打蛋器以畫圓的方式攪拌打散。

2

將細砂糖分成5次加入

將細砂糖分成5次加入，每次都用打蛋器以畫圓的方式慢慢攪拌50次左右。紅糖也以同樣的方式分次加入（※2）。

3

將蛋黃分成5次加入

將充分打散的蛋黃分成5次加入，每次都以畫圓的方式慢慢攪拌至看不到蛋黃為止。最後再攪拌50次左右（※3）。

4

加入柳橙和香草的香氣

加入柳橙香精和香草精，以畫圓的方式攪拌。這時搖晃缽盆，蛋糊的表面會呈現晃動、柔軟的狀態（※4）。

5

製作蛋白霜

將蛋白和細砂糖6g用手持式電動攪拌器（2根攪拌棒）以中速攪拌2分鐘，高速攪拌1分30秒打發。加入剩餘的細砂糖後，以高速打發1分鐘。

6

一點一點加入4中

在4中加入1勺蛋白霜，以畫漩渦的方式攪拌至看不見蛋白霜為止，再加入1勺，然後以同樣的方式攪拌。蛋白霜全部舀入後，輕輕攪拌。

7

將一半的粉類一點一點加入

將一半的粉類分成3次加入,用攪拌棒以畫渦渦的方式攪拌。最初2次,在還看得見粉類時就再加入下一次的粉類,第3次則要攪拌到看不見粉類為止。

8

移入另一個缽盆中

使用橡皮刮刀將麵糊全部移入另一個缽盆中,讓麵糊上下翻轉。

9

將剩餘的粉類分成3次加入

將剩餘的粉類分成3次加入,每次都以畫渦渦的方式攪拌至看不見粉類為止。

10

最後仔細地攪拌

將沾附在缽盆內側的麵糊以橡皮刮刀刮乾淨。用攪拌棒以畫渦渦的方式確實地攪拌至看不見粉類為止。

烘烤 ▶▶▶

11

將一部分麵糊加入巧克力中

在以隔水加熱融化的巧克力中加入⅛的10,再以橡皮刮刀攪拌均勻。

12

與剩餘的麵糊混合,攪拌

以橡皮刮刀舀起11,從數處加回10的缽盆中。以橡皮刮刀輕輕切拌,避免攪拌過度。

13

倒入模具中,烘烤

將麵糊倒入模具中,然後烘烤。
微波烤箱:180℃烤40分鐘
瓦斯烤箱:160℃烤40分鐘

Gâteau Week-end
週末蛋糕

請盡情享用隱含少許驚喜的口感。
推薦大家送給心愛的人當作週末的禮物。

材料〔上方開口18×7×高5.5㎝的磅蛋糕模具1個份〕

全蛋……108g

細砂糖……139g

檸檬皮(磨成碎末)……1.6個份

酸奶油……60g

低筋麵粉……29g

高筋麵粉……29g

泡打粉……⅗小匙(3.4g)

奶油……40g

蘭姆酒……14g

◎完成

杏桃果醬*……適量

檸檬糖霜*……適量

＊杏桃果醬是將細砂糖188g和果醬基底6g混合均勻後，加入杏桃果泥250g中，一面撈除浮沫一面煮滾。熬煮3分鐘左右之後關火，加入水麥芽24g一起攪拌。

＊檸檬糖霜是以水11g、檸檬汁11g、糖粉90g混合而成。由其中取用適當的分量。

預先準備

・將低筋麵粉、高筋麵粉、泡打粉混合過篩。

・將全蛋、細砂糖、檸檬皮、酸奶油、粉類各自冷卻至10℃(※1)。

・將奶油融化，加熱至35℃。

・在模具內側鋪上烘焙紙。

◎美味的製作重點

※1……如果冷卻至10℃以下會不易攪拌，請注意。

※2……這裡不要攪拌過度。

※3……加入奶油時，因為其他材料是冰冷的，所以不用擔心會發生瞬間分離的現象。

◎烘烤完成的標準

將切痕裂開的部分烤出淡淡的金黃色。以瓦斯烤箱烘烤時，雖然切痕無法順利裂開，但是裡層可以充分烘烤。

◎享用期限

當天～5天後。

製作麵糊 ▶▶▶

1 在蛋液中加入細砂糖、檸檬皮

將全蛋以打蛋器打散，加入細砂糖和檸檬皮之後，以直線移動的方式攪拌60次左右。

2 將¼的1加入酸奶油中

在另一個缽盆中將酸奶油打到滑順。將大約¼的1加入酸奶油中，以畫圓的方式攪拌到很滑順。

3 倒回1中，攪拌

將2倒回1中，以直線移動的方式仔細攪拌30次左右。

4 加入粉類攪拌

加入低筋麵粉、高筋麵粉、泡打粉，用打蛋器以畫圓的方式慢慢攪拌。攪拌至看不到粉類後，再攪拌10次左右(※2)。

5 加入融化的奶油

將加熱至35℃的奶油以湯匙一點一點地滴入麵糊中，再以畫圓的方式慢慢攪拌。加入蘭姆酒，然後攪拌10次左右(※3)。

烘烤 ▶▶▶

6 倒入模具中，先烘烤一次

將麵糊倒入模具中，先烘烤一次。

微波烤箱：260℃烤6分鐘

瓦斯烤箱：230℃烤7分鐘

7 從烤箱中取出，劃出刀痕

表面的正中央烤成金黃色之後先從烤箱中取出，以小刀在中央劃出刀痕(a)。

8 再次烘烤

再度放入烤箱中烘烤。

微波烤箱：180℃烤24分鐘

瓦斯烤箱：170℃烤23分鐘

完成 ▶▶▶

9 塗上果醬，再抹上糖霜

脫模之後放置20分鐘左右，大致放涼後撕除烘焙紙。將熬煮過的溫熱杏桃果醬以毛刷塗抹在蛋糕表面，底部除外(b)。表面變乾之後，將檸檬糖霜同樣薄薄地塗抹在底部以外的蛋糕表面，再放入烤箱烤乾。

a   b

Gâteau au Chocolat
巧克力蛋糕

吃起來就和直接吃巧克力一樣，
適合大人口味的苦味巧克力蛋糕。
側面縮腰的形狀也很好看。

材料

〔直徑18㎝的傑諾瓦士蛋糕模具1個份〕

蛋黃……70g
細砂糖……70g
奶油……70g
甜點用的甜巧克力……59g
甜點用的半甜巧克力……29g

可可脂……13g
鮮奶油……56g
酸奶油……13g
香草精……8滴
蛋白霜
  ┌ 蛋白……123g
  └ 細砂糖……70g

可可粉……80g
低筋麵粉……21g
肉豆蔻……少許（0.1g）
肉桂粉……少許（0.1g）
細砂糖……29g

預先準備

・將奶油、2種巧克力和可可脂混合後，以40℃（冬天是60℃）的熱水隔水加熱至融化。

・將可可粉、低筋麵粉、肉豆蔻、肉桂粉混合過篩。

・在模具內側鋪上烘焙紙。

◎ **美味的製作重點**

※1……蛋白要在製作蛋白霜的大約5分鐘前，從冰箱冷藏室中取出備用。

※2……攪拌過度的話味道會變得太過濃厚，攪拌不足的話味道又會太淡。多做幾次之後就會漸漸知道該如何調整至恰到好處。

◎ **烘烤完成的標準**

蛋糕體收縮，凹陷下去。
將竹籤插入，沒有麵糊沾黏後再烤5分鐘。

◎ **享用期限**

當天～1週後。

製作麵糊 ▶▶▶

1

將蛋黃、細砂糖、奶油、巧克力混合在一起

將蛋黃和細砂糖以直線移動的方式攪拌。攪拌到稍微變白之後，加入融化的奶油和巧克力之中，以畫圓的方式攪拌。

2

加入鮮奶油和酸奶油

鮮奶油和酸奶油不打發就直接加入缽盆中，以畫圓的方式攪拌至均勻為止。然後加入香草精。

3

製作蛋白霜

將半量的蛋白和細砂糖用手持式電動攪拌器（2根攪拌棒）以中速攪拌1分鐘，加入剩餘的細砂糖後，再以高速攪拌1分30秒打發（※1）。

烘烤 ▶▶▶

4

將可可粉和低筋麵粉加入2中

將可可粉、低筋麵粉、香料粉類加入2中，用打蛋器以畫圓的方式攪拌至看不到粉類為止。

5

加入蛋白霜，攪拌

加入1勺蛋白霜，用攪拌棒以畫圓的方式攪拌至看不到蛋白霜為止。這個步驟重複進行2次。加入剩餘的蛋白霜和細砂糖29g，以木鏟攪拌至看不見蛋白霜、變得滑順為止（※2）。

6

倒入模具中，烘烤

將巧克力糊倒入模具中，抹平表面後再放入烘烤。
微波烤箱：170℃烤50～60分鐘
瓦斯烤箱：160℃烤50～60分鐘
趁熱脫模，撕除烘焙紙之後放涼。側面縮腰之後再撒上糖粉（分量外）。

Cake aux Noix de Sarlat
核桃磅蛋糕

蛋糕體柔軟濕潤的口感和
核桃香脆的口感所產生的對比是最大的魅力。
以糖漿塗抹表面包覆成香甜的外層。

材料

〔上方開口18×7×高5.5㎝的磅蛋糕模具1個份〕

奶油……50g
細砂糖……35g
鹽……略少於⅛小匙（0.4g）
全蛋……30g
蛋黃……24g
核桃……100g
高筋麵粉A……20g

鮮奶油……20g
香草精……5滴
蛋白霜
　┌ 蛋白……55g
　└ 細砂糖……15g
高筋麵粉B……24g
泡打粉……2g

◎完成

杏桃果醬（p35）……適量
糖霜*……適量
核桃（切半）……5個

＊糖霜是以糖粉135g與水25g、核桃
利口酒（Toschi Nocello）19g、香草
精5滴混合而成。由其中取用適當的分
量。

預先準備

· 將奶油放在室溫回軟。
· 將麵糊用的核桃切成5mm大小的小塊。
· 將鮮奶油充分冷卻。
· 將高筋麵粉B和泡打粉混合過篩。
· 在模具內側鋪上紙。

製作麵糊 ▶▶▶

1

在奶油中加入細砂糖、鹽、蛋

在以打蛋器輕輕打散的奶油中,將細砂糖和鹽分成3次加入,以畫圓的方式攪拌。將全蛋和蛋黃打散成蛋液,分成5次加入,以同樣的方式攪拌。

2

加入核桃和高筋麵粉A

取50g核桃加入,以橡皮刮刀攪拌。將高筋麵粉A以湯匙撒入,切拌至看不見粉類為止(※1)。

3

將鮮奶油分成2次加入

將冰涼的鮮奶油和香草精分成2次加入,每次都仔細切拌50次左右。

4

製作蛋白霜

將蛋白和細砂糖放入另一個缽盆中,用手持式電動攪拌器(1根攪拌棒)以中速攪拌1分鐘、高速攪拌2分鐘打發。

5

在3中加入核桃和粉類

在3中加入剩餘的核桃50g,以橡皮刮刀切拌均勻。再加入高筋麵粉B和泡打粉,切拌至看不見粉類為止,然後再攪拌40次左右(※2)。

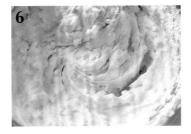

6

加入蛋白霜,攪拌

加入1勺蛋白霜,用攪拌棒以畫漩渦的方式攪拌。重複2次,再將剩餘的蛋白霜全部加入,以同樣的方式攪拌。然後攪拌10次,移入另一個缽盆中再攪拌10次左右。

烘烤 ▶▶▶

7

倒入模具中,烘烤

將麵糊倒入模具中,然後烘烤。
微波烤箱:160℃烤25分鐘→180℃烤10～15分鐘
瓦斯烤箱:150℃烤25分鐘→170℃烤10～15分鐘
烤好後脫模,大致放涼後再剝除烘焙紙。除了底部以外,在整體塗上溫熱的杏桃果醬。乾了之後以同樣的方式塗上糖霜,再放入烤箱烤乾(※3)。
微波烤箱:250℃烤2～3分鐘
瓦斯烤箱:230℃烤1分30秒～2分鐘
完成時,表面以核桃裝飾。

◎美味的製作重點

※1、2……因為混合的材料水分很多,所以粉類分成2次加入後要防止分離的現象。不過,即使產生分離也不用太擔心。
※3……糖霜加熱到冒泡後從烤箱中取出。

◎烘烤完成的標準

將竹籤插入,沒有麵糊沾黏之後再烤3分鐘。

◎享用期限

當天～1週後。

Baked Cheese Cake

烤乳酪蛋糕

口感類似舒芙蕾,質地濕潤的乳酪蛋糕。
入口瞬間即化,嘴裡全是滿滿溫和的乳酪風味。
請在烤盤中裝入熱水,隔水蒸烤。

材料〔直徑18cm的傑諾瓦士蛋糕模具1個份〕

奶油乳酪……130g
蛋黃……50g
牛奶……90g
檸檬的榨汁……5g
低筋麵粉……20g
鮮奶油……25g
奶油……40g
蛋白霜
┌ 蛋白……80g
└ 細砂糖……40g
彼士裘依蛋糕（直徑18cm、厚1cm。p72）……1片

預先準備

・將奶油乳酪切成薄片，放在室溫回軟。
・將蛋白和細砂糖用手持式電動攪拌器（2根攪拌棒）以中速攪拌2分鐘，高速攪拌2分鐘打發，製作蛋白霜。
・在模具內側鋪上烘焙紙（為了便於取出蛋糕，要事先將裁切成細長形的紙鋪成十字型）。再將彼士裘依蛋糕倒入模具裡。

◎**美味的製作重點**
※1……第1次的重點就是攪拌均勻。
※2……隔水蒸烤時要準備沸水，花時間慢慢烤。烤好的蛋糕要等冷卻之後才將烘焙紙剝除。

◎**烘烤完成的標準**
蛋糕體會先大幅膨脹，變平坦之後烤成淺淺的金黃色。

◎**享用期限**
當天～3天後。

製作麵糊 ▶▶▶

1

在奶油乳酪中加入蛋黃

將奶油乳酪以打蛋器打到滑順。將打散的蛋黃分成3次加入，每次都要確實地以畫圓的方式攪拌。

2

加入牛奶、檸檬汁、低筋麵粉

取牛奶15g加入後以畫圓的方式攪拌，加入檸檬的榨汁後繼續攪拌。再加入低筋麵粉，以畫圓的方式攪拌至看不到粉類為止。

3

加入牛奶、鮮奶油、奶油

將牛奶75g、鮮奶油、奶油煮至沸騰。然後取其中⅓的量，分成3次加入2中，以畫圓的方式攪拌。再加入剩餘的量攪拌均勻。

4

在蛋白霜中加入3

讓蛋白霜的中心形成凹陷，再以圓勺舀取1勺3加入。

5

以畫圓的方式攪拌

用攪拌棒以畫圓的方式攪拌至看不到蛋白霜為止（※1）。重複這個過程，將3全部拌入。移入另一個缽盆中讓麵糊上下翻轉，再以畫圓的方式慢慢攪拌30次左右。

烘烤 ▶▶▶

6

倒入模具中，隔水蒸烤

將麵糊倒入模具中，放在烤盤上。在烤盤中倒入滾水，隔水蒸烤（※2）。
微波烤箱：170℃烤1小時
瓦斯烤箱：160℃烤1小時

Langue de Bœuf
葉子派

大口咬下時大塊崩散、充滿香氣，是極具魅力的派。
表面撒滿大量的細砂糖和紅糖是特色所在。

材料〔約7×16cm，18～19片份〕

派皮麵團……½團*
- 高筋麵粉……175g
- 低筋麵粉……75g
- 鹽……5g
- 水……100g
- 醋……10g
- 奶油……185g

細砂糖……90g

紅糖……90g

＊完成的分量為1團，由此取一半的分量使用。剩餘的麵團則視要製作的甜點先成型之後再放入冰箱冷凍室，可保存1週左右。

預先準備

- 將擀麵板、擀麵棍和手粉放入冷凍庫冷卻。
- 將奶油切成1cm大小的方塊。將低筋麵粉和高筋麵粉混合過篩，與奶油一起放入缽盆中，再放入冷藏室冷卻。
- 將鹽、水、醋混合之後，放入冰箱冷藏室冷卻。
- 在烤盤鋪上烘焙紙。

◎美味的製作重點

※1……不要過度攪拌或搓揉。如果過度出筋，烘烤時會縮小變硬。

※2～5……依照標示的時間讓麵團靜置醒麵。

※6……中途壓扁派餅是為了防止膨脹過度造成烤好時空隙太多。

◎烘烤完成的標準

將整體烤成深褐色。切開時，切面也要確實烤至上色。

◎享用期限

當天～5天後。

與乾燥劑一起保存。

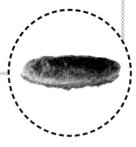

製作麵糊 ▶▶▶

1

在粉類和奶油中加入鹽、水、醋

粉類和奶油連同缽盆一起冷卻，讓中央呈凹陷狀。倒入混合好的鹽、水、醋。

2

用手指搓揉混合

用手指以搓開的方式混合，直到沒有水分為止（※1）。

3

以刮板切拌

從缽盆的一端到另一端用刮板以壓切的方式混拌10次左右之後，再以由下挖起的方式混拌。重複這個過程5次。

4

以噴霧器噴濕

變成鬆散的狀態之後，在整體上用噴霧器噴個5次左右（分量外）。用刮板將麵團上下翻面，再度噴5次左右，然後切拌。

5

整合成團

用手整合成團。因為稍後要擀成長方形，所以先將麵團整理成四方形。

6

放入冷藏室讓麵團醒麵

將麵團裝入塑膠袋中，整理成14×14cm、厚3cm左右。放入冰箱冷藏室靜置約1小時，讓麵團醒麵（※2）。

7

讓麵團容易擀開

取出麵團放在擀麵台上,然後撒上大量手粉（分量外）。以擀麵棍按壓麵團,讓麵團容易擀開。

8

擀成45×15cm的大小

將擀麵棍從麵團的中央往上、往下滾動,擀薄成45×15cm左右的長方形。

9

摺成3摺

以毛刷撢除麵皮上多餘的手粉,將另一端從⅓處摺向近身處。近身處這端也從⅓處摺向另一端,讓麵皮重疊。然後直接以這個方向稍微擀成15cm長。

10

轉個方向,擀成50×15cm的大小

轉向90度,以擀麵棍按壓另一端和近身處這端,讓麵皮不會移動錯位。擀成50×15cm的大小。

11

摺成4摺

將麵皮保留近身處10cm左右的長度,從另一端往近身處摺成2摺。近身處的麵皮也摺成2摺(如照片所示)。

成型 ▶▶▶

12

讓麵團醒麵

由另一端向近身處摺成2摺（完成4摺）。將麵團裝入塑膠袋中,然後放入冰箱冷藏室靜置1小時左右,讓麵團醒麵(※3)。

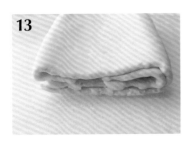

13

重複摺成3摺和4摺的步驟

將麵團的方向轉90度放置(如照片所示),然後重複8～12的步驟。完成的分量為「1團」。

14

壓模後取出圓形麵皮

將麵團的½團擀成25×22cm、厚4mm的麵皮,再以直徑6cm的圓形麵模壓出圓形麵皮。將圓形麵皮放入冰箱冷藏室靜置1小時左右(※4)。

15

剩餘的麵皮揉合成團後壓模

以模具壓出麵皮之後,將剩餘的麵皮揉合成團,擀成4mm左右的厚度,同樣以圓形模具壓出圓形麵皮。放入冰箱冷藏室讓麵皮醒麵。

烘烤 ▶▶▶

16

撒滿細砂糖和紅糖

將細砂糖和紅糖混合後鋪滿紙上,再放上靜置醒麵過的麵皮。然後也從上方撒上大量的細砂糖和紅糖。

17

擀成細長形

以擀麵棍一邊擀成16cm左右的細長橢圓形,一邊讓砂糖緊貼著麵皮。再放入冰箱冷藏室中靜置1小時左右(※5)。

18

排列在烤盤上,放入烤箱烘烤

烘烤大約5分鐘,派皮膨脹起來之後取出。以小煎匙壓扁,再次放入烤箱烘烤(※6)。
微波烤箱:220℃烤15分鐘
瓦斯烤箱:200℃烤10分鐘

Chausson aux Pommes
香頌蘋果派

加入煮得甜甜的糖漬蘋果和香草莢之後，讓香味更有深度。
味道令人心曠神怡的甜點。

材料〔約11×12㎝，9個份〕
派皮麵團（p44）……1團

◎糖漬蘋果
蘋果*……2個
白酒……150g
水……150g
檸檬的榨汁……5g
香草莢……¼根
丁香……1個
細砂糖……90g
玉米粉……4g
水……4g
*以金冠蘋果（golden delicious）為佳。

增添光澤用的蛋液（p54）……適量

◎糖漿（完成時使用）
水……10g
細砂糖……15g

預先準備
・糖漬蘋果請參照p54製作。煮的時候要加入水、香草莢、丁香。將完成的糖漬蘋果加入適量的檸檬汁和細砂糖（分量外），再煮2～3分鐘。離火後，加入已用水溶解的玉米粉，再稍微煮滾一下。
・將水和細砂糖以火加熱，製作糖漿。
・在烤盤鋪上烘焙紙。

◎美味的製作重點
※1……麵皮的邊緣擀薄的話會無法膨脹，請注意。
※2……事先將烤箱充分預熱，就能烤出看起來很好吃的顏色。

◎烘烤完成的標準
將整個蘋果派烤成金黃色。

◎享用期限
當天～3天後。
稍微加熱後會很好吃。

成型 ▶▶▶

1
擀平麵皮，以模具壓出形狀
將派皮麵團撒上手粉（分量外），然後以擀麵棍擀成32×32㎝、厚4mm的麵皮。以直徑10㎝的菊型模具壓出菊型麵皮。

2
將壓出的麵皮擀薄
擀成長12.5㎝的橢圓形。將方向轉動90度，擀麵棍只在中央部分擀動，擀成16㎝的長度（※1）。

3
擠出糖漬蘋果
在近身處邊緣2㎝寬的部分以毛刷塗上蛋黃液（分量外）。將糖漬蘋果裝入已裝好13mm圓形擠花嘴的擠花袋中，擠出直徑4㎝高高隆起的糖漬蘋果。

烘烤 ▶▶▶

4
摺成一半，合上
將麵皮摺往近身處，與塗上蛋黃的部分合起來，用力按壓，然後翻面。

5
塗抹增添光澤用的蛋液後戳洞
以毛刷塗抹增添光澤用的蛋液，乾了之後再次塗抹蛋液。在距離麵皮邊緣1㎝的內側以小刀戳洞。放在冰箱冷藏室靜置1小時。

6
劃出圖案後烘烤
劃出葉脈的圖案，在上面3處戳洞後再烘烤（※2）。烤好後趁熱塗上糖漿。
微波烤箱：250℃烤5分鐘→210℃烤15分鐘
瓦斯烤箱：210℃烤5分鐘→190℃烤12～13分鐘

Galette des Rois
國王派

這是用來慶祝基督教主顯節的傳統派餅。
在法國，會在派餅中放入小陶器後再烘烤，
據說吃到包在派餅中的小陶器的人，一整年都會很幸運。

材料〔直徑10cm，3個份〕
派皮麵團（p44）……¼團
杏仁奶油霜（p54）……30g

增添光澤用的蛋液（p54）……適量

◎糖漿（完成時使用）
┌ 水……10g
└ 細砂糖……15g

預先準備
・將水和細砂糖以火加熱，製作糖漿。
・在烤盤鋪上烘焙紙。

◎**美味的製作重點**
※1……如果2片麵皮擀薄的方向都一樣，麵皮會朝相同的方向拉長，烤出來的形狀會變得不好看。
※2……不要烘烤過度。杏仁奶油霜不要烤得過熟會比較好吃。

◎**烘烤完成的標準**
將派餅整個烤出深褐色。

◎**享用期限**
當天～3天後。

成型 ▶▶▶

1

擀平麵皮，以模具壓出形狀
將派皮麵團撒上手粉（分量外），然後以擀麵棍擀成21×23cm、厚2mm的長方形麵皮。以直徑10cm的圓形模具壓出6片麵皮。

2

邊緣塗上全蛋
壓出的圓形麵皮以2片為1組，在其中1片麵皮邊緣以毛刷塗上全蛋蛋液（分量外）。

3

擠出杏仁奶油霜
將杏仁奶油霜打散，填入裝好10mm圓形擠花嘴的擠花袋中，在麵皮的中央擠出螺旋狀的杏仁奶油霜。

烘烤 ▶▶▶

4

再用1片麵皮夾住，放入冷藏室靜置
將剩餘的麵皮轉向90度放上去（※1），以手按壓麵皮邊緣使之密合。翻面後放在冰箱冷藏室靜置1小時。

5

在邊緣劃入刀痕
一面以手指輕壓麵皮，一面用小刀在邊緣劃入細細的刀痕，提高密合度。以毛刷薄薄地塗上增添光澤用的蛋液，乾了之後再塗1次。

6

劃出圖案後烘烤
以小刀劃出格子圖案，戳洞後放入烤箱烘烤。烤好後趁熱塗上糖漿（※2）。
微波烤箱：250℃烤6分鐘→210℃烤13分鐘
瓦斯烤箱：230℃烤4分30秒→190℃烤10分30秒

Tarte aux Pommes
蘋果塔

在蘋果最美味的時期很想製作的、鋪滿大量蘋果片的甜塔。
金冠蘋果和王林蘋果等果肉柔軟的品種很適合用來製作蘋果塔。

材料〔直徑18cm的塔模1個份〕

◎甜塔皮麵團……250g*
奶油……150g
糖粉……94g
全蛋……47g
杏仁粉……38g
低筋麵粉……250g
泡打粉……⅓小匙（1.2g）

◎杏仁奶油霜（p54）……120g*
奶油……100g
糖粉……80g
全蛋……54g
蛋黃……10g
酸奶油……10g
脫脂奶粉……4g
香草精……11滴
杏仁粉……120g

◎糖漬蘋果（p54）……120g*
蘋果（中）……1個
白酒……130g
檸檬的榨汁……10g
細砂糖……100g

蘋果（中）……2個
增添光澤用的蛋液（p54）……適量
融化的奶油……10g
細砂糖……5g
香草糖（p54）……適量
杏桃果醬（完成時使用）……適量

＊甜塔皮麵團、杏仁奶油霜、糖漬蘋果分別依照材料表的
分量製作好之後，再由完成的分量中取用。
＊剩餘的甜塔皮麵團則如同9，以鋪在模具中的狀態放入
冰箱冷凍室，可以保存10天左右。

預先準備

・將奶油（麵團用）放在室溫下回軟（※1）。
・杏仁粉、低筋麵粉、泡打粉過篩後，放入冰箱冷藏室冷卻
1小時。
・在模具內側塗抹奶油（分量外），再放入冰箱冷藏室冷卻。

◎**美味的製作重點**
※1……將奶油切成薄片攤在缽盆裡，放在室溫中回
軟到以手指輕壓時可迅速戳入的程度。
※2、3……攪拌均勻。
※4……如果事先能確實進行這個如研磨般的攪拌
作業，烘烤時奶油就不會從塔皮融化而出。
※5……因為烘烤後蘋果會縮小，所以排列時要稍微
超出模具邊緣。
※6……為了充分發揮蘋果的香氣，不要塗抹過多的
果醬。。

◎**烘烤完成的標準**
烤至蘋果稍微浮起，邊
緣也烤上色。

◎**享用期限**
當天～3天後。

製作甜塔皮麵團 ▶▶▶

1

在奶油中加入糖粉
將奶油以打蛋器打散。將糖粉分成5次加
入，每次都以畫圓的方式攪拌50次左右
（※2）。

2

將全蛋分成3次加入
將打散的全蛋分成3次加入，每次都以畫圓
的方式攪拌50次左右。攪拌至看不見蛋液
後，再仔細攪拌50次左右（※3）。

3

加入杏仁粉、粉類
移入大型缽盆中，一次加入全部的杏仁粉。
再加入低筋麵粉、泡打粉，以木鏟切拌。

4

以研磨般的方式攪拌

將木鏟的鏟面朝下，以研磨的方式攪拌至看不到粉類為止。然後再攪拌20次左右，將材料聚攏成一團（※4）。

5

摺疊攪拌

以刮板將麵團從底部撈起，摺成2摺。將這個步驟重複15次左右。

6

在冷藏室中靜置一晚

以手將麵團揉合成團，修整形狀，然後裝入塑膠袋中，在冷藏室靜置一晚。

成型 ▶▶▶

7

將麵皮擀成圓形，鋪在模型上

在麵團和擀麵台上撒手粉（分量外），以擀麵棍擀成直徑30cm、厚3mm的圓形麵皮。以毛刷撢除多餘的手粉，再以叉子等戳洞。有點鬆垮地垂掛在模型上。

8

鋪進模型中

將多出來的麵皮沿著模型的內側，以手指將麵皮確實地從模型底部帶到模型邊緣。

9

切除多餘的麵皮，放入冷藏室中

在模型上面滾動擀麵棍，將多出來的麵皮切除（也可以用小刀切除）。放入冰箱冷藏室靜置1小時左右。

10

擠入杏仁奶油霜

將杏仁奶油霜填入已裝好寬10mm平口擠花嘴的擠花袋中，不留空隙地橫向擠出。以刮板抹平。

11

鋪上糖漬蘋果

將糖漬蘋果以湯匙均勻地推平。

12

將蘋果切成薄片，排列整齊

蘋果削皮後切成一半，再切成厚1.5mm的薄片。沿著模型邊緣排列，蘋果片互相錯開8mm左右，呈放射狀排成1圈（※5）。

13

在中央部分放入蘋果

第2圈的蘋果片逆向排列。剩下的中央部分放入切成小塊的蘋果墊高底部後，將蘋果片與第2圈逆向排列在上面。中心放上以菊型模具壓出的菊型蘋果片。

烘烤 ▶▶▶

14

塗上增添光澤用的蛋液和融化的奶油後烘烤

以毛刷塗上增添光澤用的蛋液和融化的奶油，撒上細砂糖和香草糖後烘烤。
微波烤箱：210℃烤35～40分鐘
瓦斯烤箱：180℃烤35～40分鐘

完成 ▶▶▶

15

塗上杏桃果醬

放涼之後，以毛刷塗上稍微煮乾水分的杏桃果醬（※6）。

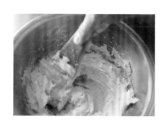

▶ 製作麵糊

1 將糖粉分成5次加入奶油中,用打蛋器以畫圓的方式仔細攪拌。

2 將全蛋和蛋黃打散成蛋液,分成10次加入,攪拌均勻,再加入酸奶油和脫脂奶粉,然後攪拌。

3 加入香草精,最後將杏仁粉分成2次加入,每次都用木鏟以畫圓的方式仔細攪拌50次。中途以橡皮刮刀清理缽盆的內側,然後攪拌50次。

4 放入冰箱冷藏室靜置一晚。使用的時候,置於缽盆中放在室溫25℃的場所15分鐘左右之後,用木鏟以研磨的方式攪拌成容易擠出的柔軟狀態。

▶ 糖漬蘋果的作法

1 將蘋果切成厚2㎜的薄片,加入白酒、檸檬的榨汁後,以小火煮5分鐘左右。

2 加入一半的細砂糖熬煮1小時,再加入剩下的細砂糖熬煮30分鐘左右。加大火勢讓水分蒸散後就完成了。

▶ 香草糖的作法

將香草莢(使用過的)乾燥後橫切成薄薄的圓片,再用食物調理機打成粉末。將粉末過篩後,與同量的細砂糖混合。也可以改用香草精代替。

▶ 增添光澤用的蛋液(塗抹表面蛋液)的作法

全蛋54g和蛋黃27g混合後打散成蛋液,再加入牛奶44g、細砂糖5g、少量的鹽混合攪拌,然後用細目的濾網過濾。放入冰箱冷藏室可以保存2～3天。可以改用蛋黃代替。

Tartelette au Citron
檸檬塔

加入檸檬的榨汁和皮做成的甜塔。
使用小的模型製作，強調可愛的外形。
任誰都會喜歡、讓人輕易就愛上的味道。

材料〔直徑7.5cm的塔模4個份〕

◎油酥塔皮麵團……210g*

低筋麵粉……83g

高筋麵粉……83g

奶油……107g

牛奶……13g

全蛋……25g

細砂糖……15g

鹽……3g

◎餡料

全蛋……58g

細砂糖……106g

融化的奶油……40g

檸檬皮（磨成碎末）……¾個份

檸檬的榨汁……22g

香草精……3滴

檸檬香精……以竹籤粗的一端滴入1滴

＊依照材料表的分量製作好之後，再由完成的分量中取用。
剩餘的油酥塔皮麵團則如同步驟7，以鋪在模具中的狀態放
入冰箱冷凍室，可以保存10天左右。

預先準備

・將食物調理機、擀麵棍和擀麵台放入冰箱冷凍室充分冷卻。
・將低筋麵粉和高筋麵粉混合後過篩，放入冰箱冷凍室冷卻1
　小時。
・將奶油切成薄片後，放入冰箱冷藏室冷卻。
・將牛奶、細砂糖、鹽加入打散的全蛋中攪拌均勻，做成蛋液，
　再放入冰箱冷藏室冷卻。
・在模型內側塗抹奶油（分量外），再放入冰箱冷藏室冷卻。

◎美味的製作重點

※1……攪拌時注意不要打發。

※2……融化的奶油不熱的話會很難攪拌，請注意。

※3……為了不讓融化的奶油產生分離的現象，一面
觀察狀態一面逐次少量地加入。

※4……烘烤到搖晃一下塔皮，餡料表面緊繃地晃動
為止。

◎烘烤完成的標準

餡料的中央鼓起來，全體烤成
金黃色。

◎享用期限

當天～3天後。

製作油酥塔皮麵團 ▶▶▶

1 將粉類和奶油打碎

將冷卻過的粉類和奶油以食物調理機打
碎。沒有食物調理機的話，以手將奶油捏碎
後加入粉類中，再以手掌搓磨混拌。

2 呈現乾鬆的狀態

將奶油的顆粒打碎到2mm左右的大小，呈現
乾鬆的狀態。

3 一點一點地加入蛋液

將2移入缽盆中，再將蛋液分成6次左右，用
毛刷以一點一點隨意滴入的方式加入。

4 用手往上撈起混拌

用手將粉類往上撈起，一面讓粉類從指縫
間紛紛散落一面混拌。

5 放在冷藏室中靜置

將粉類整理成4～5塊，然後揉合成一團，
用手以按壓的方式揉麵10次左右。裝入塑
膠袋裡，放入冰箱冷藏室中靜置一晚。

6 擀成厚3mm的麵皮

將麵團撒上手粉（分量外），以擀麵棍敲打
讓麵團變軟以便擀薄。擀成厚3mm的麵皮
後，撢除多餘的手粉。

7

鋪在模具中盲烤（無照片）

以直徑13cm的模具壓出形狀，鋪在塗抹好奶油的塔模中。放在冰箱冷藏室中靜置1小時左右，然後在內側放上鋁製容器等，再裝入加熱過的重石，送進烤箱盲烤。
微波烤箱：190℃烤大約10分鐘
瓦斯烤箱：190℃烤大約10分鐘

8

在全蛋中加入細砂糖

在打散的全蛋液中加入細砂糖，用打蛋器以畫圓的方式輕輕攪拌後，再以直線移動的方式攪拌。攪拌至如照片所示流淌下來的狀態（※1）。

9

加入融化的奶油

將融化的奶油加熱至60℃（※2），分成5次加入8中，以畫圓的方式攪拌至看不到奶油為止（※3）。

10

加入檸檬皮和榨汁

在9中加入檸檬皮和檸檬的榨汁、香草精和檸檬香精，以畫圓的方式迅速攪拌。

11

倒入塔模中烘烤

在盲烤過的塔皮中倒入滿滿的餡料，滿到塔皮邊緣，然後放入烘烤（※4）。
微波烤箱：170℃～180℃烤14～16分鐘
瓦斯烤箱：160℃烤18分鐘

Tartelette aux Fraises
草莓塔

擠入杏仁奶油霜烘烤而成的小型塔皮,
擺上沾裹了凝凍的草莓。

材料〔6×10cm的船型模具9個份〕
甜塔皮麵團(p52)……250g
杏仁奶油霜(p54)……90g
草莓(※1)……27個

◎草莓糖漿
草莓……33g
草莓利口酒……略多於1小匙(5.3g)
細砂糖……10g
檸檬的榨汁……½小匙(2.6g)

◎草莓凝凍
細砂糖……35g
果醬基底……3g
草莓……100g
水麥芽……55g
檸檬的榨汁……13g

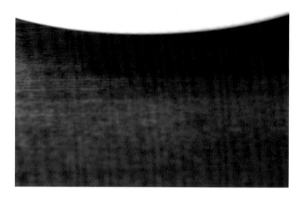

預先準備
・在模具內側塗抹奶油(分量外)。
・製作草莓糖漿。將草莓放入果汁機中攪打後用細
　目濾網過濾,再與其他材料混合。
・將製作凝凍用的草莓放入果汁機中攪打後,用細目
　濾網過濾。

烘烤 ▶▶▶

1 將麵團擀平,鋪在模具中
將甜塔皮麵團撒上手粉(分量外),以擀麵棍擀成厚3mm的麵皮。以毛
刷撣除多餘的手粉後,鋪在船型模中。在底部戳洞後放入冰箱冷藏室
靜置1小時。

2 擠入杏仁奶油霜,烘烤
將杏仁奶油霜填入擠花袋中,然後擠入1中(a)。以湯匙抹平後,放入
烤箱烘烤。
微波烤箱:210℃烤15分鐘
瓦斯烤箱:190℃烤8分鐘→180℃烤4分鐘

完成 ▶▶▶

3 塗上草莓糖漿
塔皮烤好之後立即塗上草莓糖漿(b)。

4 製作草莓凝凍
在小鍋中放入細砂糖和果醬基底,攪拌均勻。加入用細目濾網過濾後
的草莓泥攪拌,再加入水麥芽。稍微煮滾後撈除浮沫,再用細目濾網過
濾。下方墊著冰水慢慢攪拌,冷卻到大約50℃。加入檸檬的榨汁。

5 擺上沾裹了凝凍的草莓
去除草莓的蒂頭,插入竹籤,迅速地浸入4中再拿起。在每個塔皮放上
3個草莓。

a

b

Tarte Caraïbe
巧克力塔

添加了鮮奶油的巧克力口感有點黏稠。
請好好品嘗巧克力深邃濃郁的香氣和苦味。

材料〔直徑18cm的塔模1個份〕
甜塔皮麵團（p52）……230g

◎餡料
鮮奶油……130g
香草莢……⅔根
全蛋……50g
蛋黃……14g
紅糖……20g
甜點用的甜巧克力……55g
甜點用的半甜巧克力……55g

◎巧克力甘納許
甘納許用的甜巧克力……50g
西式生巧克力……50g
牛奶……42g
糖漿……20g

預先準備
・在塔模內側塗抹奶油（分量外），放入冷藏室冷卻。
・剖開香草莢，刮下香草籽（p78、照片13）。
・將餡料用和巧克力甘納許用的巧克力，分別以40℃的熱水隔水加熱融化。

◎**美味的製作重點**
※1……如果不使用2種不同的巧克力，也可以只使用半甜巧克力製作。

◎**烘烤完成的標準**
烤至整體微微浮起，用力搖晃時正中央略為勉強地微微晃動，以竹籤插入時大致上不會有餡料沾黏。

◎**享用期限**
當天～3天後。

烘烤塔皮 ▶▶▶

1 將麵團擀平，鋪在模具中
將甜塔皮麵團撒上手粉（分量外），以擀麵棍擀成厚3mm的麵皮。撢除多餘的手粉後鋪在塔模中。在底部戳洞後放入冰箱冷藏室靜置1小時。

2 盲烤塔皮
微波烤箱：210℃烤14分鐘
瓦斯烤箱：190℃烤14分鐘

製作餡料 ▶▶▶

3 將香草的香氣轉移到鮮奶油中
將鮮奶油、香草莢和香草籽放入小鍋中，開火加熱。加熱至約80℃後離火，蓋上鍋蓋後放置1小時左右讓香味轉移。

4 將紅糖加入蛋液中
將全蛋和蛋黃以打蛋器打散成蛋液，加入紅糖後再攪拌均勻。

5 將3加入巧克力中
將一半的3加入融化的巧克力中，以打蛋器攪拌。攪拌均勻後再攪拌20次左右。再加入剩餘的3，以同樣的方式攪拌。

6 將巧克力液加入4中
將一半的5加入4中，以打蛋器攪拌。攪拌均勻後再攪拌20次左右。加入剩餘的5，以同樣的方式攪拌。

烘烤 ▶▶▶

7 將餡料倒入塔皮中，烘烤
將餡料滿滿地倒入2的塔皮中，放入烤箱烘烤。
微波烤箱：200℃烤15分鐘
瓦斯烤箱：180℃烤14分鐘

完成 ▶▶▶

8 製作巧克力甘納許
先將牛奶、糖漿混合後加熱至大約40℃，然後加入融化的巧克力中攪拌均勻。

9 完成
待塔皮冷卻後，倒入已將溫度調整到38℃的**8（a）**，轉動塔皮讓巧克力甘納許可以平均地布滿整個表面（**b**）。

a   b

Tarte aux Myrtilles
藍莓塔

藍莓果汁滲出的濕潤餡料是製作的重點。
撒在塔皮上的杏仁片帶來特殊的口感。

材料

〔直徑18㎝的圓形模具1個份〕

甜塔皮麵團（p52）⋯⋯300g

◎餡料
杏仁果（帶皮）⋯⋯60g
細砂糖⋯⋯30g
全蛋⋯⋯40g
糖漬橙皮⋯⋯20g
蜂蜜⋯⋯10g

蛋白霜
  蛋白⋯⋯65g
  細砂糖⋯⋯10g
低筋麵粉⋯⋯12.5g
高筋麵粉⋯⋯12.5g
  藍莓果實（罐頭）
    ⋯⋯120g
  藍莓的醃汁⋯⋯120g
  檸檬果泥⋯⋯20g
杏仁片⋯⋯20g

◎藍莓果醬⋯⋯80g*
藍莓的醃汁⋯⋯100g
細砂糖⋯⋯100g
果醬基底⋯⋯2g
檸檬果泥*
  ⋯⋯2½小匙（12.4g）
水麥芽⋯⋯10g
＊果醬依照材料表的分量製作好了之
後，再由完成的分量中取用。
＊檸檬果泥也可以用檸檬的榨汁代
替。

預先準備

· 在模具內側塗抹奶油（分量外）。

· 在甜塔皮麵團上撒上手粉（分量外），以擀
麵棍擀成厚3mm的麵皮。戳洞後，鋪在塔模
中，放入冰箱冷藏室靜置1小時。

· 將帶皮的杏仁果以180℃烘烤約10分鐘，
烤至呈金黃色。

· 將糖漬橙皮以刀子切碎，切至呈糊狀。

· 將藍莓果實（罐頭）與藍莓醃汁（罐頭的糖
漿）、檸檬果泥混合在一起，醃漬1天。

· 製作藍莓果醬。將細砂糖和果醬基底攪
拌均勻，然後加入藍莓醃汁和檸檬果泥之
中，攪拌均勻。開火加熱，一面用木鏟攪拌
一面收乾水分。關火後加入水麥芽。

◎美味的製作重點
※1……為了能享受到口感，不要磨得太細。
※2……水分會讓味道混雜在一起，所以要徹底瀝乾
汁液。

◎烘烤完成的標準
塔皮和杏仁片都烤至上色。

◎享用期限
當天～3天後。

製作餡料 ▶▶▶

1

將杏仁果和細砂糖磨碎
將杏仁果和細砂糖放入食物調理機中，磨
成3～4mm的大小（※1）。

2

加入蛋、糖漬橙皮、蜂蜜
將**1**移入缽盆中，加入全蛋和糖漬橙皮，用
手持式電動攪拌器（1根攪拌棒）以高速攪
拌2分鐘打發。加入蜂蜜再打發40秒。打至
呈厚重的黏糊狀。

3

將蛋白霜分2次加入
將蛋白和細砂糖用手持式電動攪拌器（1根
攪拌棒）以中速攪拌1分鐘，高速攪拌1分
30秒打發。取一半加入**2**中，用攪拌棒以畫
圓的方式攪拌約半分鐘，再加入剩餘的蛋
白霜攪拌約半分鐘。

烘烤 ▶▶▶

4

加入粉類和藍莓
將粉類分成2次加入，每次都用攪拌棒以畫
圓的方式仔細攪拌至看不到粉類為止。加
入瀝乾汁液的藍莓果實（※2），以橡皮刮刀
混合攪拌。

5

將果醬倒入塔皮中
將藍莓果醬倒入已事先靜置過的甜塔皮
中。

6

倒入餡料後烘烤
倒入餡料後抹平，擺上杏仁片後烘烤。冷卻
之後撒上糖粉（分量外）。
微波烤箱：170℃烤55分鐘
瓦斯烤箱：160℃烤55分鐘

Lambada

椰子香蕉塔

可以享用到椰子餡料酥脆口感的甜點。
加在裡面的蘭姆酒漬香蕉和葡萄乾也各具獨特風味。

材料〔4.5×7cm的橢圓形模具8個份〕
甜塔皮麵團（p52）……250g

◎餡料
┌ 全蛋……25g
│ 糖粉……50g
│ 酸奶油……10g
│ 鮮奶油……10g
└ 香蕉的醃汁*……10g
細椰絲*……55g
香蕉（7mm厚的圓形切片）……16片
蘭姆酒漬葡萄乾（市售品）……24顆
糖粉（完成時使用）……適量

＊香蕉的醃汁是將檸檬的榨汁、細砂糖、白蘭姆
酒各10g混合之後，由其中取10g來醃漬香蕉。
使用這個醃汁。
＊細椰絲是將椰子切細成2～3mm。可用市售品。

預先準備
・將甜塔皮麵團（※1）撒上手粉（分量外），擀成2mm厚的麵皮。以直徑
10cm的圓形模具壓出圓形塔皮，鋪在模具裡，然後以叉子戳洞。放
入冰箱冷藏室靜置1小時。
・將酸奶油和鮮奶油混合備用。
・將圓形的香蕉切片浸泡在香蕉醃汁中30分鐘（※2）。

◎**美味的製作重點**
※1……製作甜塔皮麵團時，在粉類中加入略少於⅛小匙
的肉桂粉，會更加美味。
※2……醃漬後味道、香氣會變得較多層次，增添風味。
※3……醃汁中釋出香蕉的風味，所以可以當作香蕉香精
使用。

◎**烘烤完成的標準**
塔皮及餡料的表面都
烤至呈金黃色。

◎**享用期限**
當天～3天後。

製作餡料 ▶▶▶

1

在全蛋中加入糖粉
將全蛋以打蛋器打散成蛋液，加入糖粉後
以直線移動的方式攪拌均勻。

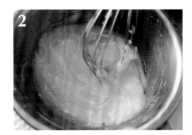

2

加入酸奶油、鮮奶油
加入事先混合好的酸奶油和鮮奶油，以畫
圓的方式攪拌。

3

加入香蕉的醃汁
取出香蕉，只加入醃汁，以畫圓的方式迅速
攪拌（※3）。

烘烤 ▶▶▶

4

加入細椰絲
加入細椰絲，用橡皮刮刀以切拌的方式混
拌均勻。放置5分鐘左右，椰絲吸收水分之
後會變得很黏稠。

5

在麵皮內放入香蕉和葡萄乾
在鋪著麵皮的模具中，各放入香蕉圓片2片
和葡萄乾3顆。

6

填入餡料後烘烤
填入餡料後將表面輕輕抹平，再放入烤箱
烘烤。冷卻之後撒上糖粉。
微波烤箱：200℃烤20分鐘
瓦斯烤箱：180℃烤15分鐘

Sablé aux Noix de Coco
椰子酥餅

Sablé au Chocolat
巧克力酥餅

椰子酥餅的特色是口感酥鬆易碎；
巧克力酥餅的特色則是又脆又硬的口感。

材料〔直徑4cm，各30～32個份〕
◎椰子酥餅
奶油……100g
糖粉……40g
蛋黃……14g
香草精……4滴
細椰絲……100g
低筋麵粉……100g
雙目糖*……適量

◎巧克力酥餅
奶油……88g
糖粉……50g
鹽……略少於⅓小匙(0.9g)
香草精……5滴
低筋麵粉……125g
甜點用的甜巧克力……50g
雙目糖*……適量

＊雙目糖是顆粒較粗的細砂糖。

預先準備
・將奶油放在室溫下回軟。
・在烤盤鋪上烘焙紙。
・將糖粉和鹽混合備用（巧克力酥餅）。
・將巧克力切碎（※1），以網目較大的網篩過篩（巧克力酥餅）。

◎美味的製作重點
※1……為了能享用到巧克力的口感，所以要切成粗粒。
※2……在冰箱冷凍室裡變硬的麵團，在切片前要先移入冷藏室5分鐘左右，稍微提高溫度後以濕布弄濕表面，就不容易碎裂了。

◎烘烤完成的標準
餅乾中央烤出非常淡的褐色，周圍則烤至呈金黃色。

◎享用期限
當天～10天後。與乾燥劑一起存放。

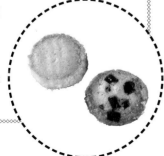

椰子酥餅
製作酥餅麵團 ▶▶▶

1 將糖粉分成5次加入奶油中
將奶油打散後，再將糖粉分成5次加入奶油中，用打蛋器以畫圓的方式迅速攪拌80次左右。

2 蛋黃分成3次加入
將打散的蛋黃分成3次加入，每次都以畫圓的方式迅速攪拌80次左右。然後加入香草精。

3 加入細椰絲
將細椰絲分成2次加入，每次都用木鏟以直線移動的方式切拌至看不到細椰絲為止。用木鏟寬大的鏟面以研磨的方式攪拌30次左右（a、b）。

4 加入低筋麵粉，攪拌
加入一半的低筋麵粉，一面用手指搓散一面混拌到某個程度。加入剩餘的麵粉後用同樣的方式混拌，再將麵團上下翻面，用手按壓，仔細混拌至看不到麵粉為止（c）。

5 修整成棒狀，在冷凍室中靜置
在撒上手粉（分量外）的擀麵台上滾動麵團，滾成長32cm的棒狀。兩端以刮板按壓整平，然後放入冰箱冷凍室靜置一晚。在這個狀態下可保存15天。

烘烤 ▶▶▶

6 撒上雙目糖，烘烤
在長方盤等器具中遍撒雙目糖，然後滾動5的麵團讓全體裹滿糖粒。切成1cm厚的圓片，然後烘烤（※2）。
微波烤箱：210℃烤11分30秒
瓦斯烤箱：180℃烤10分30秒

巧克力酥餅
與椰子酥餅的作法相同。加入鹽的時間點與糖粉相同，切碎的巧克力則在拌入剩餘的半量麵粉時加入攪拌。滾成長30cm的棒狀後，再切成1cm厚的圓片，送進烤箱烘烤。

a

b

c

Tuiles aux Amandes
杏仁瓦片餅

以高溫烘烤而成，有著濃郁芳香的味道。
烤好後立即放入半圓柱形慕斯模中塑造弧度。

材料〔直徑7cm，18～19片份〕

全蛋……27g
蛋白……13g
細砂糖……62g
酸奶油……3g
柳橙香精……2.6g*
香草精……5滴
低筋麵粉……12g
焦香奶油（p21、※1）……19g
杏仁片……62g
＊沒有柳橙香精的話，不加也無妨。

預先準備

・將酸奶油放在室溫下回軟。
・在烤盤鋪上烘焙紙。

◎**美味的製作重點**
※1……如果煮得太焦會破壞其他素材的味道，請多加留意。
※2……為了易於攪拌，先將焦香奶油加熱後再加入。
※3……讓麵糊靜置醒麵能讓味道、香氣更濃郁。務必在隔天烘烤。夏季時要放置在涼爽的場所。

◎**烘烤完成的標準**
邊緣烤出深褐色，
中央部分還帶著些許白色。

◎**享用期限**
當天～1週後。
與乾燥劑一起存放。

製作麵糊 ▶▶▶

1 在蛋中加入細砂糖
將全蛋和蛋白以打蛋器打散後，加入細砂糖以畫圓的方式迅速攪拌。

2 加入酸奶油和低筋麵粉攪拌
加入酸奶油、柳橙香精和香草精攪拌。再加入低筋麵粉，以畫圓的方式仔細攪拌至看不到粉類為止。

3 將焦香奶油分成2次加入
將加熱至40～50℃的焦香奶油（※2）分成2次，用湯匙以滴落的方式加入，每次都以畫圓的方式仔細攪拌。

4 加入杏仁片
加入杏仁片，以木鏟攪拌，不要弄碎杏仁片。

5 在室溫中靜置一晚
放入密閉容器中，在室溫中靜置一晚（※3）。

烘烤 ▶▶▶

6 推薄後烘烤
將麵糊拌勻，一點一點地放在烤盤上。以用水沾濕的叉子推成薄圓片（**a**），然後烘烤。
微波烤箱：230℃烤6～7分鐘
瓦斯烤箱：200℃烤6～7分鐘
烤好後立刻翻面放入半圓柱形慕斯模裡，調整形狀（**b**）。

a   **b**

Batonnet au Fromage
乳酪棒餅

不是甜的點心，也可以搭配啤酒。
盡情地品嘗艾登乳酪的濃郁香氣、
酥脆的口感及香氣吧。

材料〔1×8cm，約44根份〕

低筋麵粉……50g
高筋麵粉……50g
艾登乳酪*（磨成碎末）……50g
奶油……50g
黑胡椒（粗磨）……1g
水……22g
細砂糖……10g
鹽……⅖小匙(1.6g)
乳酪濃縮液*……8g
增添光澤用的蛋液(p54)……適量
艾登乳酪（完成時使用／磨成碎末）……30g

＊艾登乳酪是荷蘭的乳酪，烘烤後會散發濃郁的香氣。
＊乳酪濃縮液是乳酪香料。沒有的話不加也無妨。

預先準備

・將食物調理機、擀麵棍、擀麵台放入冷藏室冷卻。
・將奶油切成薄片，放入冰箱冷藏室冷卻。
・在烤盤內鋪上烘焙紙，再以噴霧器噴濕（※1）。

◎**美味的製作重點**
※1……噴霧器噴出的水分，可以防止烤好時
變成粉粉的口感。
※2……因為麵皮很硬，容易碎裂，所以要多
撒點手粉再擀平。

◎**烘烤完成的標準**
整體烤至呈金黃色。
摺斷時斷面也呈金黃
色。

◎**享用期限**
當天～1週後。
與乾燥劑一起存放。

製作麵糊 ▶▶▶

1 將粉類、乳酪、奶油放入食物調理機中
將粉類、艾登乳酪、奶油放入食物調理機中，打碎成乾鬆的狀態。

2 加入黑胡椒、水
將1移入缽盆中，加入黑胡椒。將細砂糖、鹽、乳酪濃縮液加入水中拌勻後，以毛刷一點一點地隨意灑入，再依照p56的要領4～5，以手揉合成團。

3 將麵團揉合成團，放在冷藏室中靜置
將麵團揉合成團，再揉10次左右將麵團揉勻。裝入塑膠袋裡後放入冰箱冷藏室中靜置一晚。

成型 ▶▶▶

4 擀平麵團，切開
將麵團撒上手粉（分量外），再以擀麵棍敲打讓麵團變軟。擀成16×22cm、厚3mm的長方形麵皮。以派餅輪刀切成寬1cm、長8cm的棒狀(**a**、※2)。

5 在冷藏室中靜置
為了防止烤好後縮小，將麵皮放在冰箱冷藏室中靜置1小時左右。

烘烤 ▶▶▶

6 撒滿乳酪後烘烤
以毛刷將增添光澤用的蛋液薄薄地塗在表面，再撒上滿滿的艾登乳酪。輕輕滾動擀麵棍讓乳酪屑緊貼在表面(**b**)。將1根根棒狀的麵皮分開後，送進烤箱烘烤。
微波烤箱：180℃～190℃烤16分鐘
瓦斯烤箱：160℃烤16分鐘

a 　　　　　**b**

67

Macaron aux Noix
核桃馬卡龍

入口時黏糊的口感應該會令人訝異吧。
夾餡是咖啡風味奶油霜的核桃點心。

材料〔直徑3cm，約15個份〕

杏仁果（帶皮）……100g
細砂糖……166g
蛋白……70g
核桃……100g
香草精……5滴
苦杏仁香精*……以竹籤尖端滴2滴
咖啡奶油霜（p26）……100g
＊苦杏仁香精是用來增添香氣的。

預先準備

・將核桃切細成3mm左右的小方塊。
・在烤盤鋪上烘焙紙。

◎美味的製作重點
※1……研磨至杏仁果釋出油分的程度。
※2……如果變得太軟的話，多加一點核桃調整軟硬度。

◎烘烤完成的標準
整體烤至呈淡淡的金黃色。

◎享用期限
冷藏後當天～3天後。

a   b

製作杏仁蛋白糊 ▶▶▶

1 研磨杏仁果和細砂糖

將杏仁果和細砂糖放入食物調理機中，將杏仁果研磨成1mm大小的顆粒（※1）。

2 將蛋白分成2次加入

將一半分量的蛋白加入1之中，然後攪打。漸漸凝固成塊之後再加入剩餘的蛋白，確實地攪打成糊狀。變成緩慢流下來的硬度（a）。即使有杏仁果顆粒殘留也沒關係。。

3 加入核桃

移入缽盆中，加入核桃後用木鏟以畫圓的方式攪拌（※2）。加入香草精、苦杏仁香精後再攪拌均勻。

烘烤 ▶▶▶

4 擠出杏仁蛋白糊，烘烤

將杏仁蛋白糊裝入已經裝好15mm圓形擠花嘴的擠花袋中，擠出直徑3cm、高1.5cm的大小後，送進烤箱烘烤（b）。
微波烤箱：180℃烤9分鐘
瓦斯烤箱：170℃烤6分30秒

完成 ▶▶▶

5 夾入咖啡奶油霜內餡

冷卻之後取2個為1組，將咖啡奶油霜填入已經裝好15mm圓形擠花嘴的擠花袋中，在其中1個杏仁蛋白餅上擠出厚3mm的咖啡奶油霜，再用另1個杏仁蛋白餅夾起來。

Biscuit à la Cuillère
Biscuit à la Cuillère au Thé
原味手指餅乾和紅茶手指餅乾

表面酥脆的口感和裡層沙沙的爽口味道。
像糖果一般入口即化，予人清爽印象的點心。

材料〔2.4×8cm，16根份〕
◎原味手指餅乾
蛋黃……40g
細砂糖……42g
蛋白霜
「 蛋白……64g
└ 細砂糖……32g
低筋麵粉……32g
高筋麵粉……32g
糖粉、細砂糖（完成時使用）……各適量

預先準備
· 在烘焙紙上每隔4cm畫出長8cm的線。將這張烘焙紙鋪在烤盤內。

◎**美味的製作重點**
※1、2……迅速攪拌的話，蛋白霜的氣泡消失後口感會變差，所以要慢慢攪拌。
※3……蛋白霜放久了會消泡，所以要全部擠出用完。

◎**烘烤完成的標準**
整體烤至呈非常淺的金黃色。

◎**享用期限**
當天～1週後。
與乾燥劑一起存放。

a

紅茶手指餅乾的作法
除了將紅茶13g（切得非常細或用研磨器研磨，再以小濾網篩過）與粉類於同時間加入之外，其他作法皆與原味手指餅乾相同。

製作麵糊 ▶▶▶

1 在蛋黃中加入細砂糖
將蛋黃用手持式電動攪拌器（1根攪拌棒）以中速攪拌5秒左右打散成蛋液。加入細砂糖後，以高速攪拌1分15秒打發。

2 製作蛋白霜
將蛋白和細砂糖10g放入另一個缽盆中，用手持式電動攪拌器（2根攪拌棒）以中速攪拌1分鐘，高速攪拌1分30秒打發。加入剩餘的細砂糖後，再以高速攪拌30秒打發。

3 在蛋白霜中加入1
讓蛋白霜的中央呈凹陷狀，再將1一口氣加入。用攪拌棒以畫圓的方式慢慢攪拌（※1）。

4 一點一點地加入粉類
攪拌至⅔左右時，用湯匙一點一點加入低筋麵粉和高筋麵粉，每次都用攪拌棒以畫圓的方式慢慢攪拌至看不到粉類為止。加入一半分量後移入另一個缽盆中，讓麵糊上下翻轉。以同樣的方式加入剩餘的粉類攪拌，最後用橡皮刮刀將缽盆內側仔細刮乾淨，再攪拌5次左右（※2）。

5 擠成棒狀
將麵糊填入已經裝好13mm圓形擠花嘴的擠花袋中，在畫好線的烘焙紙上擠出粗約2.4cm、長8cm的棒狀麵糊（a、※3）。

烘烤 ▶▶▶

6 撒上糖粉和細砂糖後烘烤
撒上糖粉後放置5分鐘左右讓它變乾。再依序撒上細砂糖、糖粉後烘烤。放置一晚讓餅乾自然乾燥之後，放入密閉容器中保存。
微波烤箱：150℃烤20分鐘
瓦斯烤箱：130℃烤20分鐘

2

冷藏糕點篇

Gâteau aux Fraises
草莓鮮奶油蛋糕

這是深受大眾喜愛的經典蛋糕。
杏仁風味蛋糕體溫暖的滋味,讓充滿奶香的鮮奶油和
酸酸甜甜的草莓變得更好吃。

材料〔直徑18cm的傑諾瓦士蛋糕模1個份〕

◎彼士裘依蛋糕麵糊

全蛋……80g

蛋黃……30g

杏仁粉……65g

細砂糖……65g

蛋白霜

┌ 蛋白……60g

└ 細砂糖……50g

低筋麵粉……30g

高筋麵粉……30g

融化的奶油……30g

◎完成

糖漿

┌ 水……50g

│ 細砂糖……15g

└ 櫻桃白蘭地……5g

草莓（中）……約20個

鮮奶油……300g

細砂糖……30g

櫻桃白蘭地……10g

草莓凝凍（p75）……少許

開心果……少許

預先準備

・在使用前將融化的奶油加熱至40℃。

・在模具內側鋪上烘焙紙。

・製作糖漿。將水和細砂糖混合後以火加熱，煮滾後關火。放涼之後加入櫻桃白蘭地。

・草莓去蒂後，留下7個（裝飾用），其餘的切成7mm厚的草莓片。

・將裝飾用的7個草莓沾裹加熱過的草莓凝凍，然後冷卻。

┌─────────────────────────────┐

◎美味的製作重點

※1……為了在這之後就算加入其他材料，氣泡也不易消失，要製作出堅挺的蛋白霜。

※2……為了充分攪拌出櫻桃白蘭地的風味，在將鮮奶油打發至某個程度後就加入櫻桃白蘭地。

◎烘烤完成的標準

彼士裘依蛋糕的蛋糕體大幅膨脹後再大略變平，在模具內側回縮3～5mm。

◎享用期限

放入冰箱冷藏室30分鐘後～當天。

└─────────────────────────────┘

製作彼士裘依蛋糕麵糊 ▶▶▶

1

將蛋、杏仁粉、細砂糖打發

將全蛋、蛋黃、杏仁粉、細砂糖放入鉢盆中，用手持式電動攪拌器（1根攪拌棒）以高速攪拌2分30秒打發。

2

打發後的狀態

以攪拌棒舀起時，蛋糊呈緞帶狀滴落後痕跡非常緩慢地消失。

3

製作蛋白霜

將蛋白和細砂糖10g放入另一個鉢盆中，用手持式電動攪拌器（2根攪拌棒）以中速攪拌1分鐘，高速攪拌2分鐘打發。加入剩餘的細砂糖後，以高速攪拌1分鐘打發。

4

蛋白霜的狀態

打發至質地細緻有光澤且尖角挺立的狀態
（※1）。

5

在蛋白霜中加入2，攪拌

將2盡量從較低的位置加入蛋白霜中，用攪拌棒以畫圓的方式慢慢攪拌，不要將氣泡壓碎。有些地方殘留著蛋白霜的白色也沒關係。

6

用湯匙加入2匙粉類

用湯匙將2匙左右的粉類撒在整體上，再用攪拌棒以畫圓的方式慢慢攪拌。

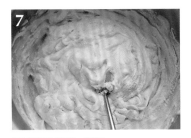

7

再度加入粉類，攪拌

將粉類完全混合之前，再加入2匙左右的粉類，以同樣的方式攪拌。

8

將麵糊移入另一個缽盆中

將麵糊移入另一個缽盆中，讓上下翻面。讓沉積在底部的蛋白霜翻轉到上面。

9

加入剩餘的粉類和融化的奶油

依照6的要領加入粉類，重複進行攪拌的作業。將大約40℃的融化的奶油分成2次加入，每次都用攪拌棒以畫圓的方式攪拌。

10

以橡皮刮刀將缽盆刮乾淨

攪拌至看不見奶油之後，以橡皮刮刀將缽盆內側的麵糊刮乾淨，最後用攪拌棒以畫圓的方式攪拌2次左右。

烘烤 ▶▶▶

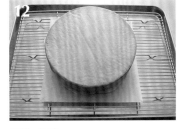

11

倒入模具中，烘烤

將麵糊慢慢地倒入模具中，讓中央稍微呈凹陷狀之後送進烤箱烘烤。
微波烤箱：170℃烤45分鐘
瓦斯烤箱：160℃烤45分鐘

12

脫模，放涼

用紙和網架蓋住，將蛋糕倒扣過來，脫模後放涼。將蛋糕翻面是為了讓上下的質地一致。放涼之後，將烘焙紙剝除。

完成 ▶▶▶

13

將彼士裝依蛋糕切成2cm厚

將烘烤面朝上，切除帶焦色的部分。再將底面朝上，墊著高2cm的木板，將波浪型蛋糕刀前後移動，切成2片2cm厚的蛋糕片。

14

塗上糖漿

用毛刷在2片蛋糕刷上糖漿，再放入冰箱冷藏室冷卻。

15

將鮮奶油打發

將鮮奶油放入缽盆中，下方墊著冰水，用手持式電動攪拌器（2根攪拌棒）以高速打發。打到舀起時會黏糊糊地流下來，痕跡很快地消失為止。

16

加入細砂糖和櫻桃白蘭地

在**15**中加入細砂糖和櫻桃白蘭地，用打蛋器以直線移動的方式打發（※2）。

17

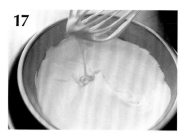

打發至呈緞帶狀滴落

打發至以打蛋器舀起時呈緞帶狀滴下來，痕跡緩慢地消失為止。打發的鮮奶油分出¼用於夾餡、½用於塗抹表面全體、¼用於擠花。

18

將蛋糕塗上鮮奶油

將厚紙板（襯紙）放在蛋糕轉台上，再放上1片**14**的蛋糕。將夾餡用的鮮奶油取一半放在中央，一面旋轉蛋糕轉台一面用抹刀抹平塗匀。

19

將鮮奶油的表面抹平

整體塗滿鮮奶油後，將抹刀平放，貼著表面，反手將蛋糕轉台往近身處轉1圈，將鮮奶油抹平。

20

排列草莓

將切片的草莓由外側開始呈放射狀排滿表面。排好後依照**18**的要領，抹上剩下的夾餡用鮮奶油，然後再疊上另1片蛋糕。

21

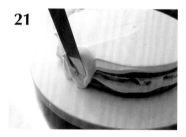

表面全部塗上鮮奶油

將表面用的鮮奶油放在蛋糕中央，依照**18~19**的要領塗抹。以抹刀刮取少許鮮奶油，在蛋糕的側面由上往下塗抹。

22

將側面的鮮奶油抹平

將抹刀縱向貼著蛋糕側面，再將蛋糕轉台朝前方轉1圈，把表面抹平。累積在下面的鮮奶油則用抹刀抵著轉台，將轉台朝近身處轉1圈刮除乾淨。

23

將溢出的鮮奶油抹平

上方溢出的鮮奶油，用抹刀貼著，朝著中心抹平。

24

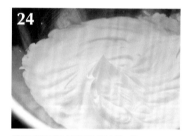

將擠花用的鮮奶油重新打發

擠花用鮮奶油下方墊著冰水，用打蛋器以直線移動的方式攪拌，打成尖角挺立的狀態。

25

擠出鮮奶油後，放上草莓

將**24**填入已經裝好星型擠花嘴的擠花袋中，在8個地方擠出小小的圓形。撒上切碎的開心果，中央擺上沾裹了草莓凝凍的草莓。放入冰箱冷藏室冷卻。

◎關於杏仁彼士裴依蛋糕

一般製作草莓鮮奶油蛋糕時，都是使用質地細緻的蛋糕體，而我們建議使用的是這種將蛋黃和杏仁豐富的香氣分蛋打發（將蛋黃和蛋白分開打發）的蛋糕體。雖然質地較粗糙，但是即使吸收了糖漿也不會變得糊爛的適當硬度和膨鬆的風味，讓容易流於單調的草莓鮮奶油蛋糕，口感更豐富又有層次。

草莓鮮奶油蛋糕的變化款

以凝凍裝飾完成

在蛋糕表面抹上凝凍即完成的裝飾。
若使用的草莓味道比較淡時,也建議採用這個做法。

◎凝凍的作法

材料

細砂糖……35g
果醬基底……3g
將草莓過濾後的果汁……100g
檸檬的榨汁……13g
水麥芽……55g

將細砂糖和果醬基底放入小鍋中,攪拌均勻。
加入將草莓以細目濾網過濾而成的果汁以及其
他材料,邊以火加熱邊輕輕攪拌。邊緣的部分
煮滾後要撈除浮沫(a),趁熱以細目濾網過濾
後放涼。

完成 ▶▶▶

蛋糕的作法與p72～草莓鮮奶油蛋糕「完成」的
23為止相同。在表面的鮮奶油上也要從外側開
始將草莓切片排成圓形,再以毛刷塗上大量的
凝凍(b)。

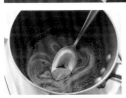
a

b

Choux à la Crème
奶油泡芙

將厚厚的酥脆泡芙殼、濃郁的卡士達奶油霜和
新鮮鮮奶油霜組合在一起，就成了令人大大滿足的美味。
製作泡芙殼時如果使用手持式電動攪拌器的話會很輕鬆。

材料〔約18個份〕

◎泡芙麵糊

水……70g

牛奶……70g

奶油……56g

細砂糖……½小匙（2.7g）

鹽……1g

低筋麵粉……43g

高筋麵粉……43g

全蛋……170g

增添光澤用的蛋液（p54）……適量

◎卡士達奶油霜

〔完成的分量約630g。也可以用半量製作〕

牛奶……400g

香草莢……½根

蛋黃……120g

細砂糖……80g

低筋麵粉……15g

高筋麵粉……20g

奶油……25g

◎完成

鮮奶油（乳脂肪成分48%）……135g

細砂糖……20g

香草糖*……3g

卡士達奶油霜……250g

糖粉……適量

＊帶有香草香氣的細砂糖（市售品）。沒有的話，不加也無妨。

預先準備

◎泡芙麵糊

・將奶油切細。

・將全蛋打勻成蛋液備用。

◎卡士達奶油霜

・將奶油切細。

◎美味的製作重點

※1……卡片的作法。將保麗龍等材料裁切成3×5cm的大小，再如照片所示，在距離下方3cm的地方畫條線。

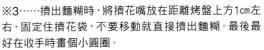

※2……麵糊太硬的話烘烤時無法膨脹，還會裂開。太軟的話，膨脹的高度會不夠。

※3……擠出麵糊時，將擠花嘴放在距離烤盤上方1cm左右，固定住擠花袋，不要移動就直接擠出麵糊。最後最好在收手時畫個小圓圈。

※4……以瓦斯烤箱烘烤時，在放入烤箱前要用噴霧器將麵糊充分噴濕。

※5……快速攪拌或攪拌過度時會過度出筋，麵糊就會變得黏糊糊的。

※6……不將鮮奶油和卡士達奶油霜充分攪拌均勻，這樣吃進嘴裡時口味的變化會很美味。

◎烘烤完成的標準

烤到膨脹起來的泡芙裂紋也充分地烤出焦色。烘烤時不要中途打開烤箱。

◎享用期限

當天。如果還需一段時間才享用，要放入冰箱冷藏室保存。

製作泡芙麵糊 ▶▶▶

1

將粉類和全蛋以外的材料以火加熱

在鍋中放入水、牛奶、奶油、細砂糖、鹽，煮至沸騰。沸騰太久的話水分會減少，請多加留意。

2

離火，加入粉類

將鍋子離火，一口氣加入粉類，以木鏟迅速攪拌成均勻的狀態。

3

開中火，充分攪拌

將鍋子開中火加熱，用力攪拌。將麵糊整合成一團，待鍋底出現薄膜之後離火。

4

在⅓量的麵糊中加入¼的全蛋

將⅓的**3**移入缽盆中,再加入¼打散的全蛋蛋液,用手持式電動攪拌器(2根攪拌棒)以中速攪拌。為了避免剩下的麵糊變乾,先用濕布巾蓋住。

5

以同樣方式加入麵糊和全蛋,攪拌

整體攪拌均勻後,再加入¼的全蛋蛋液和⅓的麵糊,用手持式電動攪拌器攪拌至均勻為止。

6

加入剩餘的麵糊和全蛋

加入剩餘的麵糊和¼的全蛋蛋液,以同樣的方式攪拌。攪拌均勻之後,再攪拌30秒。

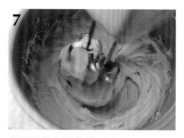

7

將剩餘的全蛋分成2次加入

一面觀察麵糊的軟硬度一面將剩餘的全蛋蛋液分成2次加入,每次都要攪拌均勻。依據麵糊的軟硬度,有時會剩下少許蛋液。

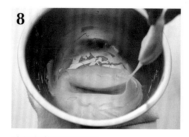

8

確認麵糊的軟硬度

插入卡片(※1)至距離卡片下方3cm處,然後往近身處舀起麵糊。過了5秒左右麵糊就恢復原狀的話,便是最恰當的硬度(※2)。

9

在烤盤上做記號

將鋁箔紙鋪在烤盤上,在鋁箔紙上塗抹奶油。用直徑5cm的圓形模具沾取低筋麵粉(分量外),每隔一些距離做個記號。

烘烤 ▶▶▶

10

擠出麵糊

在裝好10mm圓形擠花嘴的擠花袋中填入麵糊,然後擠在圓形記號之中(※3)。

製作卡士達奶油霜 ▶▶▶

11

塗抹蛋液,放入烤箱

塗抹增添光澤用的蛋液,然後烘烤。
微波烤箱:190℃烤30分鐘
瓦斯烤箱:預熱250℃→關掉開關2分鐘
→170℃烤30分鐘(※4)

12

烤至出現褐色

烤箱中的溫度一旦降低,泡芙就會扁塌下來,所以中途不要打開烤箱。烤好後取出置於網架上,讓泡芙完全冷卻。

13

將牛奶、香草莢以火加熱

在銅鍋中放入牛奶和香草莢(剖開後刮下香草籽。籽和莢殼兩者都要使用),開火加熱。煮滾後關火,取出香草莢。

14

在另一個缽盆中攪拌蛋黃和細砂糖

在另一個缽盆中放入蛋黃和細砂糖,用打蛋器以直線移動的方式攪拌至變白。

15

加入粉類,攪拌

加入粉類,以畫圓的方式慢慢攪拌(※5)。最好攪拌至看不到粉類。

16

將一半的13分成3次加入

以圓勺舀取1勺13加入15中。以畫圓的方式慢慢攪拌，拌勻後再加入1勺攪拌。進行2次。

17

將剩餘的13煮滾，再加入16

將剩餘的13以火加熱，稍微煮滾後關火。邊加入16邊用打蛋器以畫圓的方式慢慢攪拌。

18

邊攪拌邊加熱

以稍大的中火加熱，邊慢慢攪拌邊加熱。若有部分形成結塊也不用在意。缽盆很燙，請多加留意。

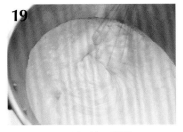

19

稍微迅速地攪拌，拌至滑潤

當缽盆周圍的奶醬變硬，而且有大氣泡咕嚕咕嚕滾沸後，以畫圓的方式稍微快速地攪拌。請注意避免在慌亂中用力過猛而攪拌過度。

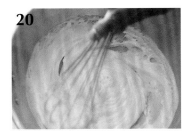

20

全部煮滾後再攪拌15秒

煮滾之後再攪拌15秒左右。全部一口氣變硬之後又會瞬間就變軟，所以在此就要停止攪拌。

完成 ▶▶▶

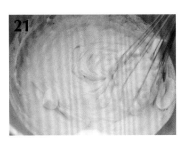

21

加入奶油，以畫圓的方式攪拌

加入切細的奶油，以畫圓的方式慢慢攪拌30次左右。

22

墊著冰水冷卻

移入另一個缽盆中，下面墊著冰水以木鏟慢慢地攪拌，冷卻至20℃左右。放入冰箱冷藏室保存，在2～3天內使用完畢。

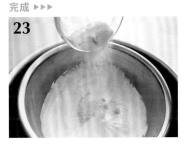

23

將鮮奶油打發

在鮮奶油下墊著冰水，用打蛋器以直線移動的方式攪拌至尖角挺立。加入細砂糖和香草糖後輕輕攪拌。

24

將⅓的23加入卡士達奶油霜中

將卡士達奶油霜以木鏟輕輕攪散，再加入⅓的23。仔細攪拌均勻至看不到鮮奶油霜為止。

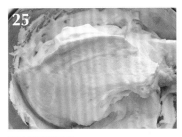

25

加入剩餘的23

加入剩餘的23，這次要輕輕攪拌至鮮奶油霜仍然殘留大理石狀的紋路（※6）。

26

將奶油霜填入泡芙殼中

以波浪型蛋糕刀在泡芙殼上斜斜劃入切痕，再以湯匙將25滿滿地填入。最後撒上糖粉。

Éclair
閃電泡芙

嘗起來帶著巧克力或咖啡的苦味，是偏向成人的口味。
增添風味的甜味頂部裝飾，是閃電泡芙的美味關鍵。

材料〔巧克力、咖啡口味各6個份〕

泡芙麵糊(p77、※1)……全量

◎巧克力閃電泡芙

卡士達奶油霜(p77)……215g

甜點用的甜巧克力……40g

西式生巧克力(頂部裝飾用)……300g

◎咖啡閃電泡芙

卡士達奶油霜(p77)……335g

即溶咖啡(粉狀)……1大匙

牛奶……1大匙

頂部裝飾

┌ 糖粉……100g

│ 即溶咖啡(粉狀)……2小匙

└ 牛奶……3小匙

預先準備

・在裝好13mm圓形擠花嘴的擠花袋中填入泡芙麵糊,再擠出12條長12cm的棒狀麵糊。以與奶油泡芙殼相同的溫度、時間烘烤。烤後充分冷卻。

・將甜點用的甜巧克力以隔水加熱法融化。

◎**美味的製作重點**

※1……為了便於添加頂部裝飾,要調整蛋液的用量,讓麵糊比奶油泡芙的麵糊稍硬一點。

◎**享用期限**

當天。如果還要一段時間才享用,要放入冰箱冷藏室,並且在室溫中回溫後再享用。

完成 ▶▶▶

1

製作巧克力的頂部裝飾

巧克力閃電泡芙。將西式生巧克力隔水加熱融化。將泡芙殼橫切成一半,把當成上蓋那半的表面浸入巧克力中,然後放在網架上晾乾。

2

製作巧克力奶油霜

將卡士達奶油霜用打蛋器輕輕攪散,再加入融化的甜巧克力攪拌均勻。

3

擠在泡芙殼上

將2填入已經裝好13mm圓形擠花嘴的擠花袋中,再擠在泡芙殼(沒有頂部裝飾的那一半)上。然後放上添加了頂部裝飾的泡芙殼。

4

製作咖啡的頂部裝飾

咖啡閃電泡芙。將糖粉和以牛奶溶解的即溶咖啡用打蛋器攪拌均勻。以與1相同的要領為泡芙殼添加頂部裝飾。

5

製作咖啡奶油霜,擠出

將卡士達奶油霜用打蛋器輕輕攪散,再加入以牛奶溶化的即溶咖啡,用木鏟攪勻。以與3相同的方式擠在泡芙殼上。

奶油泡芙的變化款

泡芙塔

將填入奶油霜的小泡芙往上堆疊，
然後從上澆淋熱呼呼的巧克力醬。

材料〔約3盤份〕
泡芙麵糊（p77）……全量
◎完成時使用
鮮奶油……125g
細砂糖……25g
香草糖……2小撮
巧克力醬
├ 牛奶……30g
│ 奶油……5g
└ 甜點用的甜巧克力……40g

1 將泡芙麵糊填入已裝好10mm圓形擠花嘴的擠花袋中，擠出直徑3cm的麵糊。用微波烤箱以220℃烤20～25分鐘，若用瓦斯烤箱則以200℃烤20～25分鐘（使用瓦斯烤箱的話，要用噴霧器將麵糊噴濕）。烤好後放在網架上冷卻。

2 將鮮奶油充分打發至尖角挺立的程度，再加入細砂糖和香草糖攪拌。讓鮮奶油霜的溫度冷卻至15～20℃。

3 在泡芙的底部以筷子等用具戳洞。以7mm圓形擠花嘴將**2**擠入泡芙中（**a**），然後在每個盤子上堆疊10個泡芙。

4 製作巧克力醬。將牛奶和奶油放入鍋中稍微煮滾後，放入切細的巧克力混合攪拌（**b**）。

5 將熱騰騰的**4**淋在**3**上，立即享用。

a

b

Mont-Blanc
栗子蒙布朗

用糖漬栗子來做栗子蒙布朗吧。
使用大量鮮奶油製作,有點懷舊的味道。
溫和的甜味能讓心情平靜下來。

材料〔12個份〕
彼士裴依蛋糕麵糊（p72）……全量
糖漿
┌ 水……70g
│ 細砂糖……25g
└ 黑蘭姆酒……10g
◎鮮奶油霜*
┌ 鮮奶油……290g
│ 細砂糖……44g
└ 香草糖*……9g
◎夾餡鮮奶油霜
┌ 鮮奶油霜……150g
└ 糖漬栗子……80g
◎栗子鮮奶油霜
┌ 鮮奶油霜……60g
│ 黑蘭姆酒*……8g
└ 糖漬栗子……200g
◎裝飾用
糖粉……適量
糖漬栗子……26g

＊鮮奶油霜由完成的分量裡取150g做夾餡鮮奶油霜，60g做栗子鮮奶油霜，剩餘的於完成時使用。
＊香草糖使用的是市售品。沒有的話不加也無妨。
＊蘭姆酒是以甘蔗為原料製成的蒸餾酒。黑蘭姆酒在蘭姆酒之中是屬於口味濃郁的類型，能讓甜點的味道更有深度和餘味。

預先準備

・在18cm的方形模框（或方形模具）中鋪上烘焙紙。如照片所示，最好使用配合直角而裁開切口的紙。

・製作糖漿。將水和細砂糖攪拌後以火加熱，煮滾後關火。冷卻後加入黑蘭姆酒攪拌均勻。

・將糖漬栗子分別瀝乾糖漿，用於夾餡鮮奶油霜的切成7mm的方塊，用於栗子鮮奶油霜的用細目濾網壓濾成栗子泥。裝飾用栗子則將1個切成6等分。放入冰箱冷藏室冷卻備用。

◎**美味的製作重點**
※1……在彼士裴依蛋糕兩端塗上厚厚的鮮奶油霜備用。
※2……鮮奶油霜也可以用湯匙高高隆起地放在蛋糕上。
※3……因為栗子的比例很高，屬於偏硬的鮮奶油霜，所以要用力擠出來。

◎**烘烤完成的標準**
瞬間大幅地膨起之後，表面會陷下去，充分地烤至上色，在模具內側會回縮3～5mm。

◎**享用期限**
當天～3天後。
放入冰箱冷藏室保存。

烘烤彼士裴依蛋糕麵糊 ▶▶▶

1

將麵糊倒入模具中，烘烤
將彼士裴依蛋糕麵糊倒入模具中，然後烘烤。中途將前後方向調換。
微波烤箱：170℃烤40～45分鐘
瓦斯烤箱：160℃烤40～45分鐘

完成 ▶▶▶

2

將蛋糕切片
將翻面後冷卻的蛋糕烘烤面朝上，切除烤至褐色的部分。翻面，將底面朝上，墊著高8mm的木板，以波浪型蛋糕刀切成8mm厚的3片蛋糕。

3

塗上糖漿
將3片蛋糕的其中1片切成2等分，再如照片所示與其餘2片組合在一起，然後放在紙上。塗上糖漿，由表面滲入裡層至厚度的¼左右。

4

在蛋糕上劃上切痕

為了讓蛋糕體能輕易地捲起來，在蛋糕前端3cm處，每隔3～4mm的距離劃入淺淺的切痕。放入冰箱冷藏室冷卻備用。

5

將鮮奶油打發

在鮮奶油下墊著冰水，用手持式電動攪拌器（2根攪拌棒）先以低速攪拌，變黏稠之後改以高速打發至尖角挺立。加入細砂糖和香草糖攪拌均勻。

6

將5塗在蛋糕上，撒上栗子

將蛋糕連同紙一起放在擰乾水分的布巾上，每條蛋糕卷各取用75g 5的鮮奶油霜，以抹刀薄薄地抹平。在整體撒上切至細碎的栗子（※1）。

7

由前端開始捲起

將劃入切痕的部分稍微用力地捲起來，成為蛋糕卷的中心，一面將紙提起一面捲起蛋糕。將蛋糕卷收尾的部分朝下，放入冰箱冷藏室冷卻30分鐘。

8

製作栗子鮮奶油霜

將黑蘭姆酒拌入60g的5的鮮奶油霜中。然後加入用細目濾網壓濾成栗子泥的糖漬栗子中，以木鏟攪拌。

9

將7切開

拿掉7的烘焙紙，將1條蛋糕卷切成6小個。將切面朝上下放置，放在鋁箔紙杯中。

10

擠出鮮奶油霜

將剩餘的5再度重新打發，填入已裝好13mm圓形擠花嘴的擠花袋中，擠在9的中央（※2）。

11

擠出栗子鮮奶油霜

擠花袋套好栗子蒙布朗專用的擠花嘴後，填入8的鮮奶油霜，擠在10的上面（※3）。完成時撒上糖粉，並以糖漬栗子裝飾。

栗子蒙布朗的變化款

栗子蛋糕

牛奶風味的白巧克力與栗子非常對味。
做成像珠寶盒般小巧可愛的蛋糕。

材料〔18cm的方形模框或方形模具1個份〕

彼士裘依蛋糕麵糊（p72）……全量

糖漿

┌ 水……30g
│ 細砂糖……10g
└ 黑蘭姆酒……5g

◎栗子鮮奶油霜

┌ 糖漬栗子……110g
│ 牛奶……40g
│ 黑蘭姆酒……½大匙
│ 香草糖*……½小匙
│ 鮮奶油……270g
└ 甜點用的白巧克力……90g

鮮奶油（裝飾用）……230g

細砂糖……25g

糖漬栗子（裝飾用）……80g

甜點用的白巧克力（裝飾用）……適量

＊市售品。沒有的話，不加也無妨。

預先準備

· 彼士裘依蛋糕麵糊依照與p84「烘烤彼士裘
   依蛋糕麵糊」1相同的要領烘烤。

· 製作糖漿。將水和細砂糖混合後以火加熱，
   煮滾後關火。冷卻之後，加入黑蘭姆酒攪拌。

· 糖漬栗子瀝乾糖漿後，取出用於鮮奶油霜的
   110g，用細目濾網壓濾成栗子泥，用於裝飾
   的80g則切細成7mm大小的方塊。放入冰箱
   冷藏室冷卻備用。

· 用於栗子鮮奶油霜的鮮奶油270g及用於裝
   飾的鮮奶油230g，分別在下方墊著冰水，用
   手持式電動攪拌器充分打發。

· 將甜點用的白巧克力（裝飾用）依照p93的要
   領刨成薄片，做成白巧克力刨花。

完成 ▶▶▶

1 將蛋糕切片後塗上糖漿

將彼士裘依蛋糕橫切成1.2cm厚的蛋糕2片。以毛刷塗上糖漿後，放入冰箱冷藏室冷卻備用。

2 製作栗子鮮奶油霜

在用細目濾網壓濾過的糖漬栗子中，一點一點地加入牛奶，同時用橡皮刮刀攪拌（a）。依序加入黑蘭姆酒、香草糖、打發的鮮奶油，以打蛋器攪拌。

3 加入融化的白巧克力

將白巧克力切細後放入缽盆中，以40～50℃的熱水隔水加熱至融化。融化之後提高熱水的溫度，將白巧克力加熱到80℃。加入2之中，以打蛋器攪拌（b）。

4 組合在一起

將方形模框放在長方盤上，先鋪入1片彼士裘依蛋糕片。放入一半3的栗子鮮奶油霜，將表面抹平（c）。再依序放入剩餘的蛋糕片、栗子鮮奶油霜，同樣抹平表面，然後放入冰箱冷藏室2小時左右，冷卻凝固。

5 脫模，分切

將4脫離方形模框，分切成4.5cm大小的方形。

6 擠出鮮奶油霜，用白巧克力裝飾

在打發的裝飾用鮮奶油中加入細砂糖攪拌。填入已經裝好7mm圓形擠花嘴的擠花袋中，以鑲邊的方式擠在5的表面上。撒上切成方塊的糖漬栗子，再擺上白巧克力刨花。放入冰箱冷藏室冷藏，隔天再享用。

a

b

c

Rouleau à l'Orange
香橙蛋糕卷

將帶有柳橙清爽風味的奶油霜包捲起來，口味別具一格的蛋糕卷。
請細細品嘗入口即融的奶油霜的美味。

材料〔2條份〕

彼士裘依蛋糕麵糊（p72）……全量

◎柳橙風味奶油霜
奶油霜
┌ 蛋黃……48g
│ 糖漿
│ ┌ 細砂糖……120g
│ └ 水……48g
│ 奶油……240g
└ 香草精……7滴
柳橙皮（磨成碎末）＊……1個份
細砂糖……⅔小匙（2.7g）
橙皮庫拉索酒＊……2½小匙（12.5g）

◎完成時使用
糖漿
┌ 水……50g
│ 細砂糖……40g
└ 橙皮庫拉索酒＊……15g
杏仁片……100g
糖粉……適量

＊柳橙皮和細砂糖也可以用柳橙香精24g代替。
＊橙皮庫拉索酒（酒精濃度40°）是帶有柳橙果皮香氣的
蒸餾酒。會在甜點中釋放出柳橙的清新感和清爽的味道。

預先準備

・將彼士裘依蛋糕麵糊倒入鋪了烘焙紙的18cm方形模框（或
方形模具），依照p84「烘烤彼士裘依蛋糕麵糊」1的要領烘
烤。
・將用於奶油霜的奶油切成薄片，攤放在缽盆裡，置於室溫
（大約25℃中）至變軟。以木鏟攪拌成柔軟的髮蠟狀（※1）。
・製作完成時使用的糖漿。將水和細砂糖混合後煮滾，關火。
冷卻後加入橙皮庫拉索酒。
・將杏仁片撒在烤盤上，烘烤至出現淡淡的褐色（微波烤箱以
180～190℃烤12～13分鐘，瓦斯烤箱以180℃烤10～12分鐘）。

◎**美味的製作重點**
※1……太硬的奶油容易產生分離現象，請多加留意。
※2……如果沒有迅速攪拌的話蛋黃會結塊。
※3……冷卻過度的話與奶油混合時會有分離現象。
※4……因為不易溶於口中，風味也會降低，所以奶
油只需攪拌即可，不需打發。

◎**享用期限**
當天～3天後。放入冰箱
冷藏室保存，要享用時置
於室溫回溫。

製作柳橙風味奶油霜 ▶▶▶

1

將蛋黃打散
將蛋黃用打蛋器以直線移動的方式攪拌，
充分打散至顏色變白。

2

將細砂糖和水以火加熱
將細砂糖和水放入小鍋內並攪拌均勻。以
用水沾濕的毛刷將沾黏在鍋壁的砂糖刷除
乾淨，再以中火加熱。煮滾後再度攪拌，然
後以毛刷清理沾黏在鍋壁的砂糖。

3

熬煮至117℃
將溫度計（可以測量至200℃的溫度計）探
至鍋底，煮至112～113℃之後改為小火，再
繼續熬煮至117℃。

4

將糖漿加入1中

加熱至117℃之後，如照片所示，一點一點地加入1中，同時用打蛋器以畫圓的方式迅速攪拌（※2）。用細目濾網過濾後移入另一個缽盆中。

5

以手持式電動攪拌器打發

用手持式電動攪拌器（將1根攪拌棒安裝在左側）以高速攪拌2分鐘打發。降低為中速，再打發1分鐘。將蛋糊舀起時變成呈緞帶狀滴落後緩緩重疊的狀態。

6

墊著冰水冷卻

在5下墊著冰水，邊以中速打發30秒～1分鐘左右邊冷卻。冷卻的溫度以夏天20℃、冬天30℃為標準（※3）。

7

加入⅓的奶油

加入⅓已經打散成髮蠟狀的奶油，用中速以逆向畫圓的方式攪拌20秒左右，將奶油拌勻。剛開始會產生少許分離的現象。

8

加入剩餘的奶油攪拌

將剩餘的奶油分成2次加入，每次都要依照7的要領攪拌（※4）。攪拌成滑潤的乳霜狀。以橡皮刮刀將缽盆內側刮乾淨，充分地攪拌均勻。

9

加入香草精

加入香草精，分量要足以感受到明顯的香氣，然後以中速攪拌20秒。攪拌至泛白膨軟，呈乳霜狀。

10

讓柳橙皮的香氣散發出來

將磨碎的柳橙皮和細砂糖放在砧板上，以抹刀研磨混合至釋出水分為止，讓香氣散發出來。

11

加入10和橙皮庫拉索酒

將10和橙皮庫拉索酒加入9中，以打蛋器攪拌均勻。

完成 ▶▶▶

12

將蛋糕切片

將彼士裘依蛋糕的烘烤面朝上，切除有焦色的部分。翻面之後將底面朝上，墊著高1.2cm的木板，以波浪型蛋糕刀切成1.2cm厚的蛋糕3片。

13

塗抹糖漿

將3片蛋糕其中1片切成2等分，再如照片所示與其餘2片組合在一起，然後放在紙上。塗上糖漿，由表面滲入裡層至厚度的¼左右。

14

在蛋糕上劃出切痕

為了能輕易地捲起來，在蛋糕前端的3cm處，每隔5mm的距離劃上淺淺的切痕。

15

薄薄地塗上奶油霜

取出200g的奶油霜，1條蛋糕用100g，分別用抹刀薄薄地抹在蛋糕上。兩端要稍微抹厚一點。

16

從前端開始捲起

將劃上切痕的部分稍微用力地捲起來成為蛋糕卷的中心,一面將紙提起一面捲起蛋糕。

17

放入冷藏室冷卻,定型

將蛋糕卷收尾的部分朝下,放入冰箱冷藏室冷卻15〜20分鐘,待奶油霜稍微冷卻凝固後,讓全體定型。

18

在表面塗上奶油霜

將剩餘的奶油霜以抹刀薄薄地抹在整個表面。

19

裹滿杏仁片,撒上糖粉

拿起蛋糕卷後以刮板或手裹滿烤過的杏仁片。放入冰箱冷藏室冷卻凝固後,再撒上糖粉。

◎以烤得很厚的蛋糕體製作蛋糕卷時

以烤得薄薄的蛋糕體製作蛋糕卷時,因為烘烤面的比例很高,所以口感容易變硬。關於這一點,若是將烤得厚的蛋糕體切片之後再使用的話,蛋糕體的狀態會比較好,所以能做出美味的蛋糕卷。一口氣可以做出2條也是魅力所在。使用彼士裘依蛋糕製作,是因為蛋糕體本身就有很扎實的味道。搭配味道沉穩的奶油霜,達到完美的平衡。

Forêt-Noir
黑森林蛋糕

如羽毛般削成薄片的巧克力散發個性鮮明的香氣、
口感輕柔的巧克力蛋糕。
柳橙的清爽香氣添加了特殊風味。

材料〔18cm的方形模框或模具1個份〕

◎柳橙風味傑諾瓦士蛋糕麵糊

全蛋……174g

柳橙皮（磨成碎末）……1個份

檸檬皮（磨成碎末）……³/₅個份

細砂糖……86g

低筋麵粉……41g

高筋麵粉……18g

玉米粉……29g

融化的奶油……29g

柳橙香精……6g

◎完成時使用

糖漿
```
┌ 水……50g
│ 細砂糖……10g
│ 橙皮庫拉索酒（酒精濃度40°）
└    ……30g
```

巧克力鮮奶油霜
```
┌ 鮮奶油……127g
└ 甜點用的甜巧克力……67g
```

柳橙風味鮮奶油霜
```
┌ 鮮奶油……130g
│ 柳橙皮（磨成碎末）……½個份
└ 細砂糖……10g
```

甜點用的甜巧克力（刨花用）……適量

糖粉……適量

＊傑諾瓦士蛋糕麵糊的柳橙皮也可以改為添加柳橙香精21g。

預先準備

・將低筋麵粉、高筋麵粉、玉米粉混合過篩。

・融化的奶油在使用之前加熱至大約40℃。

・在方形模框（或方形模具）的底部和側面鋪上烘焙紙（p84）。

・製作糖漿。將水和細砂糖混合後煮滾，關火。冷卻後加入橙皮庫拉索酒攪拌均勻。

・將用於巧克力鮮奶油霜的甜點用的甜巧克力切細後，隔水加熱至融化。

・製作巧克力刨花。讓巧克力的硬度回溫成以指甲掐入時會留下痕跡的狀態，再以小刀削成薄片（a、b）。放入冰箱冷藏室冷卻。

a

b

◎**美味的製作重點**

※1……加熱後，蛋會變得較容易打發。請正確地加熱至40℃。

※2……以噴霧器噴灑糖漿，是因為蛋糕體的質地粗糙，以毛刷塗抹的話很容易崩散。

※3……鮮奶油冷卻過度的話會結塊，請多加留意。

◎**烘烤完成的標準**

大幅膨脹起來的蛋糕體大致變平，並在模具內側回縮3～5mm。

◎**享用期限**

當天～3天後。

放入冰箱冷藏室保存。

製作傑諾瓦士蛋糕麵糊 ▶▶▶

1

邊將全蛋加熱邊攪拌

在缽盆中放入全蛋、磨成碎末的柳橙皮和檸檬皮、細砂糖，以小火加熱，用打蛋器邊攪拌邊加熱。

2

以手持式電動攪拌器打發

加熱至40℃之後離火，用手持式電動攪拌器（2根攪拌棒）以高速攪拌4分鐘打發（※1）。充分打發至攪拌棒的痕跡陷下去時，看得見底部的程度。

3

逐次少許地加入粉類攪拌

用湯匙將2匙左右的粉類撒入，再用1根攪拌棒以畫圓的方式慢慢攪拌。再加入2匙左右的粉類，以同樣的方式攪拌。

4

將麵糊上下翻轉

將麵糊移入另一個缽盆中,讓麵糊上下翻轉。將剩餘的粉類分成2次加入,每次都以畫圓的方式攪拌。

5

加入融化的奶油

粉類大略攪拌後,將約40℃的融化奶油和柳橙香精分成2次加入,每次都以畫圓的方式攪拌。攪拌至看不到奶油之後,再攪拌4次。

6

攪拌結束時麵糊的狀態

以攪拌棒舀起麵糊時,呈緞帶狀滴落後痕跡非常緩慢地消失。

烘烤 ▶▶▶

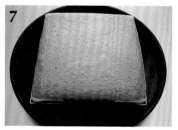

7

倒入模具中,烘烤

將麵糊盡量從較低的位置慢慢地倒入模具中,然後烘烤。
微波烤箱:170℃烤35分鐘
瓦斯烤箱:160℃烤35分鐘

8

翻面後冷卻

用紙和網架蓋住後將蛋糕翻面,脫模後冷卻。翻面是為了讓蛋糕上下的質地一致。

完成 ▶▶▶

9

將傑諾瓦士蛋糕切片

將蛋糕的烘烤面朝上,切除烤出焦色的部分。翻面之後將底面朝上,墊著高8mm的木板,以波浪型蛋糕刀切成8mm厚的蛋糕4片。

10

噴灑糖漿

以噴霧器將糖漿噴灑在4片蛋糕的兩面。放在冰箱冷藏室冷卻15分鐘左右(※2)。

11

將鮮奶油打發

製作巧克力鮮奶油霜。在鮮奶油下墊著冰水,用手持式電動攪拌器(2根攪拌棒)以高速打發起泡。將鮮奶油的溫度降至大約10℃。

12

加入融化的巧克力

提高隔水加熱的溫度,讓巧克力加熱至65℃,然後一面加入11中一面用打蛋器以畫圓的方式攪拌(※3)。

13

以由底部舀起的方式攪拌

從攪拌的中途開始,以由底部往上舀起的方式迅速攪拌均勻。因為會變得不易溶於口中,所以留意不要攪拌過度。

14

製作柳橙風味鮮奶油霜

以與11相同的方式打發鮮奶油。將柳橙皮和少許細砂糖(分量外)以抹刀研磨混合後加入,再將細砂糖10g加入後,在下面墊著冰水攪拌。

15

擠出巧克力奶油霜

將冷卻的蛋糕取2片並排在一起,其中1片的底下鋪厚紙板(襯紙)。將巧克力鮮奶油霜填入已裝好寬15mm平口擠花嘴的擠花袋中,然後薄薄地擠在2片的表面。

16

將巧克力鮮奶油霜的表面抹平

擠好之後,以抹刀輕輕抹平巧克力鮮奶油霜。

17

擠出柳橙風味鮮奶油霜

在鋪著厚紙板蛋糕體的巧克力鮮奶油霜上疊放1片蛋糕,再以裝好寬15mm平口擠花嘴的擠花袋擠出柳橙風味鮮奶油霜,然後以抹刀輕輕抹平。

18

疊放蛋糕片

將15中沒有鋪厚紙板的蛋糕放在17上,再疊上剩餘的蛋糕。將柳橙風味鮮奶油霜擠在最上面的蛋糕表面,然後輕輕抹平。

19

修整形狀

放入冰箱冷藏室30分鐘左右,冷卻凝固。以波浪型蛋糕刀將蛋糕的4邊切齊,修整形狀。

20

放上巧克力刨花,撒上糖粉

將巧克力刨花放在表面上。如照片所示,將直尺等貼放在側面的話,巧克力刨花就不會撒出來,可以方便作業。最後完成時撒上糖粉。

◎關於傑諾瓦士蛋糕

傑諾瓦士蛋糕(Génoise)是將蛋黃和蛋白一起打發後,製作而成的海綿蛋糕(全蛋打發的蛋糕)。雖然口感軟綿、質地細緻是它的特色,但這裡為了配合蛋糕的特色而製作成質地粗糙、鬆軟輕盈的海綿蛋糕。簡單來說,傑諾瓦士蛋糕隨著細微的配方和作法差異,可以做出各式各樣不同的類型。

Cream Cheese Cake
生乳酪蛋糕

味道清爽的奶油乳酪做成的美味蛋糕。
塔皮的酥脆感很爽口，酸酸甜甜的果醬有為整體提味的效果。

材料〔直徑18cm的傑諾瓦士蛋糕模1個份〕
甜塔皮麵團（p52）……200g

◎奶油乳酪霜
奶油乳酪……180g
蛋黃……20g
原味優格……30g
細砂糖……70g
香草精……7滴
檸檬香精*……用筷尖滴入3滴
檸檬皮（磨成碎末）……1個份
吉利丁粉……5g
冷水……30g
檸檬的榨汁……25g
鮮奶油……185g

◎完成
覆盆子果醬*（※1）……70g
鮮奶油……100g
細砂糖……10g

＊傑諾瓦士蛋糕模具使用底部可以分離的類型。
＊如果沒有檸檬香精的話不加也無妨。
＊覆盆子果醬也可以用草莓果醬（盡可能使用酸味濃郁的草莓果醬）代替。

預先準備
・將奶油乳酪切成薄片後攤放在缽盆中，置於室溫中回軟。
・將磨碎的檸檬皮和細砂糖1小匙（分量外）以抹刀研磨混合至釋出水分，讓香氣散發出來。
・在吉利丁粉中加入冷水泡開。
・在模具內側鋪上保鮮膜。

◎**美味的製作重點**
※1……覆盆子果醬的作法。將冷凍的覆盆子50g解凍後，與已經混勻的細砂糖50g、果醬基底1g和覆盆子的種籽10g一起放入鍋中攪拌。以中火加熱，邊撈除浮沫邊煮至水分收乾到剩下75g。加入水麥芽5g後放涼。

◎**烘烤完成的標準**
將甜塔皮整個烤成淡淡的褐色。

◎**享用期限**
放入冰箱冷藏室30分鐘後～隔天。放在冷藏室保存。

烘烤甜塔皮麵皮 ▶▶▶

1

將麵團擀平，以圓形模具壓出形狀
將手粉（分量外）撒在甜塔皮麵團上，以擀麵棍擀成3mm厚的麵皮，再以直徑18cm的圓形壓模壓出形狀。放在以噴霧器噴濕的烘焙紙上，放入冷藏室10分鐘讓麵皮冷卻。

2

送進烤箱烘烤
微波烤箱：190℃烤10分鐘
瓦斯烤箱：180℃烤10分鐘
由烤箱中取出，置於網架上放涼。

製作奶油乳酪霜 ▶▶▶

3

在奶油乳酪中加入蛋黃
以木鏟攪拌奶油乳酪。一次加入全部打散的蛋黃，用手持式電動攪拌器（2根攪拌棒）以低速攪拌。

4

加入優格和細砂糖

依照順序加入優格、細砂糖，每次都以中速攪拌。再將香草精加進去，以同樣的方式攪拌。

5

加入檸檬的香氣

以筷尖沾取檸檬香精後，滴入鉢盆中。加入與細砂糖混合研磨的檸檬皮，以中速攪拌。

6

加入吉利丁，迅速攪拌

將吉利丁隔水加熱至大約50℃，加入檸檬汁後攪拌均勻。邊加入**5**之中邊以高速迅速攪拌。冷卻至19℃為止。

完成 ▶▶▶

7

加入鮮奶油，攪拌

將鮮奶油打發至尖角挺立。分成2次加入**6**中，每次都用打蛋器以從底部舀起的方式迅速攪拌後，再以畫圓的方式攪拌30次左右。

8

倒入模具中，冷卻凝固

將奶油乳酪霜倒入底部貼附保鮮膜的模具中，表面抹平。放在冰箱冷藏室3小時左右，冷卻凝固。

9

在甜塔皮上塗果醬

在蛋糕轉台上放置厚紙板（襯紙），然後放上甜塔皮，再以抹刀塗抹覆盆子果醬。

10

放在奶油乳酪上

將已經冷卻的奶油乳酪脫模之後，把**9**塗果醬的那面朝下，放在奶油乳酪上。上下翻面後放在蛋糕轉台上，撕下保鮮膜。

11

在表面塗上鮮奶油霜

在鮮奶油中加入細砂糖後打發，然後塗抹在**10**的表面和側面（參照p74）。將剩餘的鮮奶油霜放在表面上，推平抹勻。

12

製作花樣

以抹刀在表面的鮮奶油上啪嗒啪嗒地輕敲，挑起尖角，製作花樣。放在冰箱冷藏室30分鐘以上，讓蛋糕整體冷卻凝固。

Mille-Feuille aux Fraises
草莓千層派

口感扎實、香氣四溢的派皮，
搭配存在感毫不遜色、有著奶油香醇滋味的卡士達奶油霜。
濃郁的味道在嘴裡滿滿地擴散開來。

材料（18×8.5cm，1模份）

派皮麵團（p44、※1）
……由½團取出需要的分量使用

◎奶油風味卡士達奶油霜*
卡士達奶油霜
- 牛奶……240g
- 香草莢……⅓根
- 蛋黃……70g
- 細砂糖……50g
- 低筋麵粉……9g
- 高筋麵粉……12g
- 奶油……15g
奶油……38g
＊完成的分量約為400g，從其中取280g使用。

◎完成時使用
草莓（中）……約16個

預先準備

・卡士達奶油霜後來要加入的奶油38g放在室
　溫下回軟，再以木鏟攪拌成髮蠟狀。
・草莓去蒂後，留下6個（裝飾用），其餘的切成
　7mm厚的草莓片。
・將烤箱和2個烤盤事先預熱。

◎**美味的製作重點**
※1……派皮麵團的奶油若以發酵奶油製作，能產生
深邃的味道和香氣，提高派皮的存在感。
※2……讓麵團的筋度鬆弛，可以防止出爐後回縮。
※3……中途將烤盤放在派皮上，是為了壓住膨脹起
來的派皮，讓層次更緊密，做出扎實的口感。這個烤
盤也要事先預熱。
※4……撒上糖粉後再烘烤，可以烤出酥脆的口感且
充滿香氣。同時也可以防止潮濕。
※5……將派皮和奶油霜層層相疊的完成步驟需在
快要食用前才進行。為了品嘗到千層派的絕妙滋味，
這點很重要。

◎**烘烤完成的標準**
撒在表面的糖粉焦糖
化後變得很酥脆，並烤
成很深的褐色。

◎**享用期限**
當天。最好做完立即食
用。趁派皮還未變濕軟
前食用。

製作奶油風味卡士達奶油霜 ▶▶▶

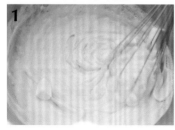

1

製作卡士達奶油霜
依照p78「製作卡士達奶油霜」**13～22**的
要領製作。移入另一個缽盆中，下面墊著冰
水邊攪拌邊冷卻至大約25℃。

2

加入奶油
將攪拌成髮蠟狀的奶油38g分成2次加入，
攪拌均勻。放在冰箱冷藏室保存，在2～3
天內使用完畢。

成型 ▶▶▶

3

切開派皮麵皮
將麵團層層交疊的那面以前後的方向放
置，再以擀麵棍擀成25cm見方的方形。縱
切成一半後，再將其中半片切成16×12.5
cm的大小（A的部分）。

4

擀薄麵皮,戳洞

將A的麵皮擀成約34×21cm,將麵皮拿起來讓它鬆弛一下(※2)。密密地戳洞後,修整切成33×20cm。然後再切成11×20cm變成3等分,放入冰箱冷藏室靜置1小時。

5

烘烤,中途放上烤盤

取出麵皮後立即放在烤盤上,放入烤箱烘烤。中途在派皮上放1個烤盤加壓(※3)。

微波烤箱:250℃烤3～4分鐘→放上烤盤後210℃烤9分鐘
瓦斯烤箱:230℃烤3～4分鐘→放上烤盤後190℃烤9分鐘

6

將派皮翻面,撒上糖粉

取出派皮後翻面,撒上糖粉,然後再放入烤箱烘烤(※4)。

微波烤箱:270℃烤2分鐘
瓦斯烤箱:250℃烤2分鐘

7

放在網架上放涼

糖粉融化變得酥脆後,將派皮從烤箱中取出,放在網架上放涼。其餘2片麵皮也以同樣的方式烘烤。

8

將邊緣切齊

將派皮的邊緣切除,修整成18×8.5cm的大小。

9

擠出卡士達奶油霜

將奶油風味卡士達奶油霜填入已經裝好寬10mm平口擠花嘴的擠花袋中,薄薄地擠在1片派皮上。然後在上面排滿草莓片。

10

將草莓、奶油霜、派皮疊在一起

將奶油霜薄薄地擠在草莓上面,再放上1片派皮。同樣依照奶油霜→草莓→奶油霜的順序疊放,放上剩餘的派皮後,以草莓裝飾完成(※5)。

Charlotte aux Poires

洋梨夏洛特蛋糕

以酥鬆的手指餅乾以及味道飽含洋梨香氣的芭芭羅瓦凍製作而成。
在味蕾受到衝擊的同時,柔順的餘韻綿綿不絕,是這個蛋糕的真實滋味。

材料〔直徑18cm的圓形模框1個份〕

◎手指餅乾
蛋黃……80g
細砂糖……70g
蛋白霜
[蛋白……130g
[細砂糖……55g
低筋麵粉……65g
高筋麵粉……65g
糖粉……適量

◎糖漿
水……50g
細砂糖……15g
威廉洋梨利口酒*……20g
＊洋梨（威廉品種）的利口酒。

◎洋梨芭芭羅瓦凍
蛋黃……75g
細砂糖……35g
脫脂奶粉……10g
洋梨（罐頭*）……60g
洋梨糖漿*……180g
香草莢……⅛根
吉利丁粉……5g
冷水……30g
威廉洋梨利口酒……15g
鮮奶油……200g
＊洋梨罐頭建議選用味道扎實的歐洲產品。
＊洋梨糖漿是使用罐頭的醃汁。

◎完成時使用
洋梨（罐頭／切半的洋梨）……3～4個

預先準備

・將18cm見方的烤盤抹上奶油（分量外），再鋪上烘焙紙。
・準備畫了直徑18cm圓形的紙和直徑16cm圓形的紙。
・製作糖漿。將水和細砂糖混合，煮滾後關火。放涼之後，加入威廉洋梨利口酒攪拌。
・在吉利丁粉中加入冷水泡開。
・芭芭羅瓦凍使用的洋梨罐頭，將果肉和糖漿以果汁機攪打後，用細目濾網壓濾。
・將鮮奶油打發備用。
・將完成時使用的洋梨切成5mm寬後，放入冷藏室冷卻。

◎**美味的製作重點**
※1……為了在此之後即使加入其他材料，氣泡也不容易消失，要製作質地扎實的蛋白霜。
※2……為了避免壓破蛋白霜的氣泡，要慢慢地攪拌。不要超出所需的程度而攪拌過度。
※3……撒上糖粉形成皮膜。外觀變得好看，還會產生酥脆的口感。
※4……最好讓擠花嘴輕輕貼著紙面擠出來。
※5……加入脫脂奶粉，可以在洋梨芭芭羅瓦凍中補足牛奶的香醇和味道。

◎**烘烤完成的標準**
將表面和底部都烤成金黃色。充分烘烤至即使糖漿和芭芭羅瓦凍的水分滲入，手指餅乾也不會變得濕軟的狀態。

◎**享用期限**
當天～隔天。
放入冰箱冷藏室保存。

1

將蛋黃和細砂糖打發

將蛋黃用手持式電動攪拌器（1根攪拌棒）以中速攪拌5秒左右打散，加入細砂糖後以高速打發2分鐘。以攪拌棒舀起時呈緞帶狀滴落後痕跡緩慢消失。

2

製作蛋白霜

在另一個缽盆中將蛋白和細砂糖30g用手持式電動攪拌器（2根攪拌棒）以中速攪拌1分鐘，高速攪拌3分鐘。加入剩餘的細砂糖後打發1分鐘（※1）。

3

將1和2以畫圓的方式攪拌

將1全部慢慢倒入2中，用攪拌棒以畫圓的方式慢慢攪拌。

4

加入2湯匙的粉類

攪拌到一半左右，將2湯匙左右的粉類散撒入缽盆中，再以畫圓的方式攪拌（※2）。

5

加入剩餘的粉類，攪拌

攪拌到約8成均勻後，再度加入2湯匙左右的粉類，以同樣的方式攪拌。移入另一個缽盆中，讓麵糊上下翻面。將剩餘的粉類分成2次加入攪拌。

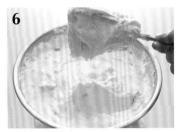

6

以橡皮刮刀將缽盆內側刮乾淨

攪拌至大致上看不到粉類之後，以橡皮刮刀將缽盆內側刮乾淨，最後以畫圓的方式攪拌4次左右。攪拌棒舀起時能維持膨脹隆起即是完成的狀態。

7

擠出夏洛特蛋糕的上蓋

將麵糊填入已經裝好10mm圓形擠花嘴的擠花袋中。上蓋（帽子）用的麵糊，要在18cm的圓形內側，由外側開始毫無空隙地擠出麵糊。

8

分成2次撒上糖粉

撒上糖粉至幾乎蓋住表面的程度，過了5分鐘左右再撒一次糖粉（※3）。

9

擠出夏洛特蛋糕的底部

底部用的麵糊要在16cm的圓形內側，由中心開始將麵糊擠成漩渦狀。與8一樣，撒上糖粉。

10

擠出夏洛特蛋糕的側面

側面用的麵糊要在18cm見方的烤盤裡毫無空隙地將麵糊擠成直條狀（※4）。粗細程度要比圓形擠花嘴稍微粗一點。與8一樣，撒上糖粉。

11

烘烤麵糊

微波烤箱：190℃
瓦斯烤箱：180℃

上蓋用的麵糊以上火烤13～14分鐘，底部的麵糊以下火烤12分鐘，側面用的麵糊則以上下火烤13分鐘。

12

置於網架上放涼

將烤好的手指餅乾連同烘焙紙置於網架上放涼。

組合 ▶▶▶

13 切開側面用的手指餅乾

剝除側面用的手指餅乾下的烘焙紙後，切除邊緣。對著擠出的直線，呈直角切成3片5cm寬。

14 塗上糖漿

將13翻面，以毛刷在2片手指餅乾上塗抹糖漿。塗上大量的糖漿，讓糖漿滲入手指餅乾厚度的一半左右。

15 豎立在圓形圈模的側面

沿著圓形模框豎立起來，不足的部分以剩下的1片補齊，將長度切除1cm左右。塗上糖漿後，豎立在側面。

製作洋梨芭芭羅瓦凍 ▶▶▶

16 將底部用的手指餅乾塗上糖漿

剝除底部用的手指餅乾下的烘焙紙後，切除邊緣以便能緊密地放入圓形模框底部。在背面塗上糖漿，將這面朝上放入圓形模框中。放入冰箱冷凍室冷卻。

17 將上蓋用的手指餅乾塗上糖漿

剝除上蓋用的手指餅乾下的烘焙紙之後，在背面塗上糖漿。翻面後，放入冰箱冷藏室冷卻。

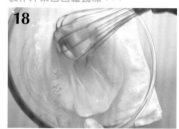

18 將蛋黃和細砂糖攪拌均勻

將蛋黃和細砂糖用打蛋器以直線移動的方式攪拌至變白為止。使用耐熱玻璃缽盆的話，熱度能溫和地傳導，製作出滑順的成品。

19 加入脫脂奶粉

加入脫脂奶粉攪拌。這個階段最好先不要讓奶粉溶化（※5）。

20 將洋梨和香草莢加熱

將細目濾網壓濾的洋梨糖漿和果肉、香草莢（剖開後刮取香草籽）連同香草豆莢一起放入小鍋中，以小火加熱至80℃。

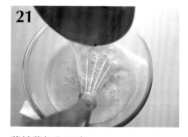

21 將糖漿加入19中

將⅓的糖漿一點一點加入19中，同時用打蛋器以畫圓的方式攪拌均勻。其餘的糖漿也一點一點加入，再以畫圓的方式迅速攪拌。

22 加熱至80℃

在爐子上疊放金屬網和石棉網，將21以極小火加熱。用打蛋器攪拌底部，加熱至80℃。

23 加入吉利丁，混合均勻

立即離火，加入已經泡開的吉利丁後攪拌均勻。

24 用細目濾網過濾，冷卻

用細目濾網過濾後移入缽盆中，下面墊著冰水攪拌，冷卻至40℃。

25

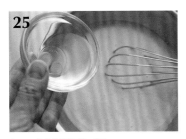

加入威廉洋梨利口酒

加入威廉洋梨利口酒後，再度在下面墊著冰水，用打蛋器在缽盆底部以搓磨的方式迅速攪拌，冷卻至18℃。

26

加入鮮奶油

將打發的鮮奶油舀起一勺加入後，以畫圓的方式攪拌，大致上混合後，以由底部往上舀起的方式攪拌。將剩餘的鮮奶油分成2次加入，每次都以同樣的方式攪拌。

27

將芭芭羅瓦凍上下翻面

將**26**移入先前打發鮮奶油的缽盆中，讓芭芭羅瓦凍上下翻面。墊著冰水，將打蛋器豎直，攪拌至全體都很均勻。

完成 ▶▶▶

28

將芭芭羅瓦凍倒入鋪好手指餅乾的模具中

將芭芭羅瓦凍倒入已經冷卻的**16**的圓形模框中，倒至⅓的高度。將表面抹平。

29

鋪滿洋梨片

將事先冷卻的洋梨片在芭芭羅瓦凍上鋪滿。在洋梨片上倒入芭芭羅瓦凍至⅔的高度，再將表面抹平。

30

倒入滿滿的芭芭羅瓦凍

再次排滿洋梨片後，倒入剩餘的芭芭羅瓦凍，高度要比手指餅乾的邊緣略高一點。

31

將上蓋用的手指餅乾放上去

將上蓋用的手指餅乾放上去後輕輕按壓一下，然後放入冰箱冷藏室3小時左右，讓它冷卻凝固。

◎關於手指餅乾

彼士裘依蛋糕是將蛋黃和蛋白分開打發後，製作而成的海綿蛋糕（分蛋打發的蛋糕）。手指餅乾則是將彼士裘依蛋糕麵糊擠出長條狀，撒上糖粉後烘烤而成。特色是酥脆的口感。製作的重點在於打出質地扎實的蛋白霜，攪拌時避免讓氣泡消失，然後充分地烘烤。撒上糖粉可以讓表面變得酥脆，享受到口感的差異。

Blanc-Manger
杏仁奶酪

勉強維持住形狀的柔軟度。
柔嫩口感伴隨著杏仁和牛奶豐富的味道在口中擴散開來。
這是「雨落塞納河」的得意之作。

材料〔口徑6.5×高4㎝的布丁模8個份〕

◎杏仁奶酪

牛奶……380g

水……75g

杏仁片*……150g

細砂糖……120g

酸奶油……35g

吉利丁粉……5g

冷水……30g

牛奶……適量

櫻桃白蘭地……15g

鮮奶油……75g

＊使用新鮮的杏仁片。

◎醬汁

英式蛋奶醬

┌ 蛋黃……30g

│ 細砂糖……30g

└ 牛奶……140g

櫻桃白蘭地……10g

香草精……4滴

牛奶……120g

預先準備

・將模具放入冰箱冷藏室冷卻備用。

・在吉利丁粉中加入冷水泡開。

・盛裝的盤子也要充分冷卻備用。

◎**美味的製作重點**

※1……以沸騰的狀態煮出味道，可以確實提引出杏仁的風味。

◎**享用期限**

當天～3天後。

放入冰箱冷藏室保存。

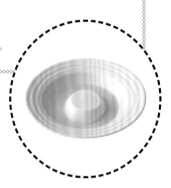

a　　　　　　b

c　　　　　　d

e

製作奶酪 ▶▶▶

1 用牛奶將杏仁煮出味道

將牛奶和水以大火加熱，煮滾之後加入杏仁片。再次煮滾之後轉為小火，以靜靜沸騰的程度煮2分鐘（※1、a）。

2 加入細砂糖、酸奶油

加入細砂糖和酸奶油後攪拌，煮滾之後轉為小火，再煮2分鐘。

3 以細目濾網過濾

將2以細目濾網過濾，用力按壓殘留在濾網中的杏仁片，將牛奶盡量瀝乾淨（b）。

4 加入吉利丁，攪拌

加入泡開的吉利丁後，以打蛋器攪拌均勻，使之融化在牛奶中。

5 計量，加入牛奶後變成500g

秤量4，加入牛奶後讓分量變成500g（c）。

6 下面墊著冰水，冷卻至40℃

將缽盆隔著冰水，一面以打蛋器攪拌一面冷卻至40℃（d）。

7 加入櫻桃白蘭地，冷卻至10℃

加入櫻桃白蘭地，同樣地以打蛋器攪拌，冷卻至10℃。

8 將鮮奶油打發起泡後，加入7裡

在另一個缽盆中將鮮奶油打至4分發（稍微有點黏稠的程度）。將7分成5次加入，每次都以畫圓的方式攪拌均勻（e）

f   g

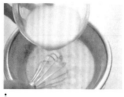

h   i

j

9 墊著冰水，攪拌至變得黏稠

下面墊著冰水，將木鏟以前後移動的方式攪拌（f）。氣泡慢慢地消失後，牛奶糊會產生光澤、變得黏稠。

10 倒入模具中，冷卻凝固

溫度降至5℃，產生適當的黏稠度之後，倒入模具中（g）。放在冰箱冷藏室5小時以上冷卻凝固

製作醬汁 ▶▶▶

11 製作英式蛋奶醬

依照p120「巧克力慕斯」**12～15**的要領製作英式蛋奶醬。過濾之後，下面墊著冰水冷卻至40℃。

12 加入櫻桃白蘭地和香草精

加入櫻桃白蘭地和香草精，用打蛋器以畫圓的方式攪拌（h）。冷卻至大約5℃。

13 加入牛奶

移離冰水，加入牛奶之後以畫圓的方式攪拌（i）。撈除表面的氣泡後，放入冰箱冷藏室充分冷卻。

完成 ▶▶▶

14 盛盤

以指尖按壓奶酪的邊緣，讓空氣進入（j）。倒扣在盤子裡脫模。在奶酪周圍倒入英式蛋奶醬。

◎關於杏仁

杏仁奶酪是以牛奶煮出杏仁的風味製作而成。因此，杏仁的品質非常重要。雖然以自己買到的杏仁製作即可，但是請使用新鮮的產品。「雨落塞納河」使用的是香氣和味道都很豐富、西班牙生產的馬可納種（Marcona）杏仁。熬煮出風味時，如果一開始就加入細砂糖，就很難煮出杏仁的風味，所以訣竅在於要稍後再加入細砂糖。

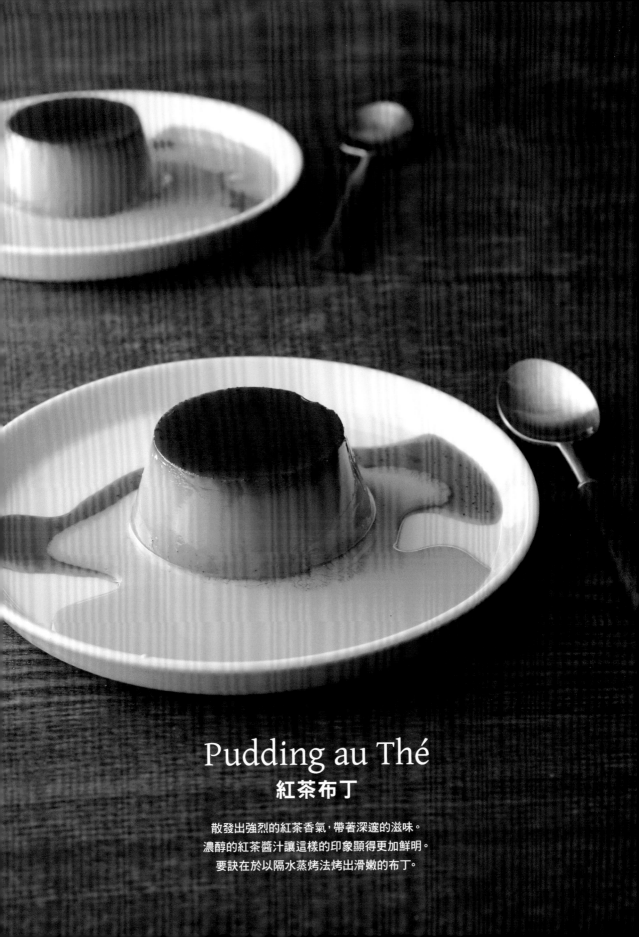

Pudding au Thé
紅茶布丁

散發出強烈的紅茶香氣，帶著深邃的滋味。
濃醇的紅茶醬汁讓這樣的印象顯得更加鮮明。
要訣在於以隔水蒸烤法烤出滑嫩的布丁。

材料〔口徑6.5×高4cm的布丁模8個份〕

◎焦糖醬

細砂糖……80g

水……20g

水（定色用）……20g

◎紅茶布丁

牛奶……530g

紅茶茶葉（伯爵茶）……18g

紅茶茶葉（大吉嶺茶等*）……9g

細砂糖……108g

全蛋……172g

卡爾瓦多斯酒*……30g

*使用伯爵茶以外的其他茶葉。

*蘋果蒸餾酒（蘋果白蘭地）。與紅茶的
風味十分契合。可以用白蘭地取代。

◎紅茶醬汁

英式蛋奶醬

┌ 蛋黃……48g

│ 細砂糖……48g

│ 牛奶……160g

└ 香草莢……⅟₇根

牛奶……200g

紅茶茶葉（伯爵茶）……7g

紅茶茶葉（大吉嶺茶等*）……3g

卡爾瓦多斯酒……5g

*使用伯爵茶以外的茶葉。

預先準備

・將要用於隔水蒸烤的熱水煮至沸騰。

・依照p120「巧克力慕斯」**12～15**的要領製作
英式蛋奶醬。從其中取100g使用。

◎**美味的製作重點**

※1……焦糖不要煮得太焦，以免干擾紅茶的風味。

※2……在沸騰的狀態下煮茶葉，可以確實提引出紅
茶的風味。

※3……不要打到過發，以免隔水蒸烤時留下氣泡。

※4……為了做出滑嫩的布丁，一定要用細目濾網過
濾。

※5……以煮沸的水進行隔水蒸烤，充分的熱度變成
蒸氣後可以溫和又均勻地傳導到布丁液中，烤出滑
嫩的布丁。此外，蒸烤的熱水減少的話要隨時補充，
並且在蒸烤的中途調換烤盤的前後位置。一次蒸烤2
個烤盤分量的布丁需費時50～60分鐘。

◎**烘烤完成的標準**

以手指敲模具側面時，布丁的表面會微微晃動。

◎**享用期限**

當天～3天後。

放入冰箱冷藏室保存。

製作焦糖 ▶▶▶

1

以大火將細砂糖和水煮焦

將細砂糖和水放入小鍋中，以大火加熱。待
周圍變色之後以湯匙攪拌，轉動鍋子讓全
部均勻後，改為小火。

2

加入水讓焦糖定色

像是沸騰一樣突然冒煙之後，將定色用的
水分成2次加入，攪拌後離火（※1）。加入水
的時候，焦糖會突然噴濺出來，請多加留
意。

3

將焦糖倒入模具中

在每個模具中倒入能蓋住模具底部的量。
因為不會立即凝固，所以不必太慌張。

4

用牛奶將紅茶煮出味道

將牛奶以中火加熱，煮滾之後加入2種茶葉拌勻。在稍微沸騰的狀態下煮1分鐘，煮出紅茶的味道（※2）。

5

過濾茶葉，擠出牛奶

以網篩等過濾，再以湯勺等用力擠壓殘留在網篩中的茶葉，將牛奶瀝乾。

6

計量後添加牛奶至387g

計量5，再加入牛奶（分量外）讓分量變成387g。加入細砂糖，用打蛋器以畫圓的方式靜靜攪拌（※3）。

7

將6加入打散的全蛋中拌勻

將全蛋均勻打散。再將⅓的6分成3次加入，以畫圓的方式慢慢攪拌30次左右。迅速加入剩餘的6之後，再加入卡爾瓦多斯酒，攪拌20次。

8

過濾後去除氣泡

以細目濾網過濾7（※4）。以廚房紙巾等吸附去除表面的氣泡。

9

測量布丁液的溫度

測量布丁液的溫度，如果在40℃以下就用小火慢慢加熱。溫度低的話，熱度無法均勻地導入布丁液中，所以蒸烤的時間會拉長。

10

倒入模具中，在烤盤上倒入熱水

倒入3的模具中，排列在烤盤上。在烤盤中倒入滾水至1cm左右的高度。

11

隔水蒸烤（※5）

微波烤箱：140℃烤30分鐘→110℃烤10～15分鐘
瓦斯烤箱：140℃烤40～45分鐘

12

用牛奶煮出紅茶的味道

將牛奶以中火加熱，煮滾之後加入2種茶葉拌勻。在稍微沸騰的狀態下煮1分鐘，煮出紅茶的味道。用細目濾網過濾後放涼。

13

加入英式蛋奶醬

將100g的12、100g的英式蛋奶醬和卡爾瓦多斯酒以打蛋器攪拌均勻。去除表面的氣泡後，放入冰箱冷藏室充分冷卻。

14

盛盤

以指尖按壓布丁的邊緣讓空氣進入，倒扣後擺放在盤中脫模。在布丁周圍倒入紅茶醬汁。

Crème Brulée
焦糖烤布丁

加入肉桂,會在口中留下餘味的「雨落塞納河」式
焦糖烤布丁。表面經焦糖化後薄脆的口感,
與黏稠的蛋黃奶油糊形成絕妙的對比。

材料〔直徑10㎝×高2.5㎝的耐熱器皿8個份〕

蛋黃……142g

紅糖*……84g

鮮奶油……445g

牛奶……148g

肉桂棒……1根

肉桂粉……⅓小匙(0.3g)

香草莢……1根

紅糖(烤出焦糖用)……適量

*紅褐色的粗糖。
獨特的甜味能讓甜點變得濃郁又柔和。

預先準備

・將隔水蒸烤用的熱水煮至沸騰。

◎**美味的製作重點**
※1……沒有噴槍的話,也可以用烤得很熱的湯匙背面將紅糖燙焦。

◎**烘烤完成的標準**
即使搖晃模具,烤布丁的表面也不會晃動。

◎**享用期限**
做好後立即享用。

製作焦糖烤布丁 ▶▶▶

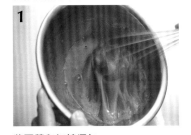

將蛋黃和紅糖混勻
將蛋黃和紅糖用打蛋器以直線移動的方式研磨攪拌,直到顏色變白。

將鮮奶油、牛奶等煮沸
將鮮奶油、牛奶、肉桂棒、肉桂粉、香草籽和香草莢放入鍋中,以小火加熱至80℃。取出肉桂棒和香草莢。

將2加入1中攪拌
將2一點一點地加入1中,用打蛋器以畫圓的方式攪拌。以細目濾網過濾後,仔細撈除浮在表面的氣泡。

完成 ▶▶▶

倒入模具中,隔水蒸烤
倒入模具中,排列在烤盤上。在烤盤中倒入滾水至5mm左右的高度,隔水蒸烤。
微波烤箱:150℃烤20分鐘
瓦斯烤箱:140℃烤20分鐘

以小濾網撒上紅糖
餘溫散去後,將烤布丁放入冰箱冷藏室充分冷卻,然後以小濾網將紅糖輕輕撒在烤布丁的表面。

以噴槍烤成焦糖
以噴槍將表面烤成薄薄一層焦糖(※1)。再撒一次紅糖,以同樣的方式烤焦。

Gratin de Fruits
水果沙巴雍

輕柔地在口中溶化的沙巴雍醬，
充分提引出水果的滋味。

材料〔2盤份〕

◎沙巴雍醬
蛋黃……40g
細砂糖……20g
白酒（甜味）……55g
檸檬的榨汁……3g
鮮奶油……40g

◎水果
草莓（小）……10個
芒果……½個
糖漿漬鳳梨（※1）……70g

◎完成
糖粉……適量
香草糖（市售品）……適量

預先準備

・將鮮奶油打至8分發後，先放入冰箱冷藏室備用。
・草莓去除蒂頭後，切成一口大小。
・去除芒果的皮和籽後，切成一口大小。
・糖漿漬鳳梨瀝乾糖漿後，切成2cm的方塊。

◎**美味的製作重點**

※1……糖漿漬鳳梨的作法。將切成適當大小的鳳梨½個和煮滾的糖漿（以水135g和細砂糖175g製作而成）混合在一起，放涼後加入檸檬汁16g、櫻桃白蘭地8g，然後放入冰箱冷藏室醃漬1週以上。

※2……如果想要讓成品有輕柔的口感，需將沙巴雍醬確實地打發。

◎**烘烤完成的標準**

將沙巴雍醬烤至上色。以微波烤箱製作時，即使沒有烤上色，只要沙巴雍醬鼓起來就從烤箱中取出。

◎**享用期限**

做好後立即享用。

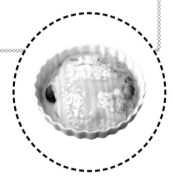

製作沙巴雍醬 ▶▶▶

1

將蛋黃和細砂糖拌勻

將蛋黃和細砂糖用打蛋器以直線移動的方式攪拌，直到顏色變白。使用耐熱玻璃缽盆的話，熱度能溫和地傳導，製作出滑順的醬汁。

2

一點一點地加入白酒

將⅓的白酒分成3次加入，每次都以畫圓的方式攪拌。加入剩餘的白酒後迅速攪拌。

3

邊打發起泡邊加熱

把金屬網和石棉網疊放在爐子上，將2以小火加熱。黏稠地凝固之後，用打蛋器用力地攪拌至刮起能看見底部的程度。

完成 ▶▶▶

4

利用餘溫攪拌1分鐘以上

移離爐火後，利用餘溫仔細攪拌1分鐘左右。移入另一個缽盆中。

5

用手持式電動攪拌器充分打發

用手持式電動攪拌器（1根攪拌棒）以高速攪拌2分鐘，下面墊著冰水再攪拌2分鐘，充分打發（※2）。冷卻至10℃後，加入檸檬的榨汁。加入打發的鮮奶油後，以中速攪拌10秒左右。

6

盛入盤中，烘烤

將水果排列在盤中，再放上沙巴雍醬。撒上糖粉和香草糖後烘烤。
微波烤箱：300℃烤3～4分鐘
瓦斯烤箱：300℃烤2分鐘

Mousse au Chocolat

巧克力慕斯

意想不到的柔和清淡口感是這款慕斯的特色。

巧克力的風味溫和地在口中散開，隱約嚐著微微的橙香。

材料〔5盤份〕

◎巧克力慕斯

蛋黃……80g

細砂糖……70g

牛奶……245g

吉利丁粉……5g

冷水……30g

甜點用的甜巧克力……50g

庫拉索橙皮酒（酒精濃度40°）……15g

香草精……10滴

蛋白霜
[蛋白……130g
  細砂糖……40g

鮮奶油……170g

◎英式蛋奶醬

蛋黃……30g

細砂糖……30g

牛奶A……100g

香草莢……1/10根

牛奶B……100g

庫拉索橙皮酒（酒精濃度40°）……25g

預先準備

・在吉利丁粉中加入冷水泡開。

・將甜點用的甜巧克力切細。

・將鮮奶油打發至出現軟垂的尖角之後，放入冰箱冷藏室冷藏備用。

・將要盛裝慕斯的容器放入冰箱冷凍室冷卻備用。

・盛裝用的盤子也要冷卻備用。

◎美味的製作重點

※1……8的攪拌結束時間需配合完成蛋白霜的時間，這點很重要。此外，將蛋白霜均勻地拌入8中，讓吉利丁包住氣泡，使蛋白霜穩定，可以維持慕斯的輕柔口感。為了便於充分拌勻，蛋白霜不要過度打發。

◎享用期限

當天。充分冷卻至0～3℃後再享用。

製作巧克力慕斯 ▶▶▶

1

將蛋黃和細砂糖拌勻

將蛋黃和細砂糖用打蛋器以直線移動的方式攪拌，直到顏色變白。使用耐熱玻璃缽盆的話，熱度能溫和地傳導，製作出滑順的慕斯。

2

一點一點加入熱牛奶

將牛奶加熱至80℃。將1/3的牛奶分成3次加入1中，用打蛋器以畫圓的方式攪拌。迅速加入剩餘的牛奶，以相同的方式攪拌。

3

加熱至80℃

把金屬網和石棉網疊放在爐子上，將2以很小的小火加熱。用打蛋器一面攪拌底部，一面加熱至80℃，讓奶蛋糊變得濃稠。

4

加入吉利丁和巧克力

移離爐火，加入已經泡開的吉利丁，以畫圓的方式攪拌。再加入切細的巧克力。充分攪拌讓巧克力融化。用細目濾網過濾。

5

墊著冰水冷卻

下面墊著冰水一面攪拌一面冷卻，溫度降至40℃之後移離冰水。加入庫拉索橙皮酒、香草精拌勻。

6

製作蛋白霜

可以的話，6～8由2個人一起進行。其中1人將蛋白和細砂糖12g用手持式電動攪拌器（2根攪拌棒）以中速攪拌1分鐘，加入剩餘的細砂糖後，以高速攪拌1分鐘打發。

7

將5冷卻至18℃

在步驟6將蛋白霜打發1分30秒時,另外1個人再度將5墊著冰水,用打蛋器攪拌一面冷卻至18℃。

8

加入鮮奶油

降至18℃之後移離冰水,迅速加入事先打發好的鮮奶油,攪拌均勻(※1)。

9

將8加入蛋白霜中

一次將8全加入6中,用木鏟以由底部舀起的方式攪拌。剛開始以10秒內20次的速度攪拌,然後以10秒內15次的速度攪拌。

製作英式蛋奶醬 ▶▶▶

10

攪拌至出現光澤

攪拌均勻,稍微出現光澤之後就完成了。以木鏟舀起時,呈緞帶狀滴落後痕跡非常緩慢地消失。

11

倒入容器中,冷卻凝固

倒入事先冷卻的密閉容器中,放入冰箱冷藏室3小時左右,冷卻凝固。

12

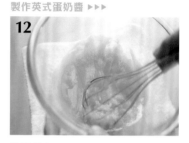

將蛋黃和細砂糖拌勻

將蛋黃和細砂糖用打蛋器以直線移動的方式攪拌,直到顏色變白。使用耐熱玻璃缽盆的話,熱度能溫和地傳導,製作出滑順的醬汁。

13

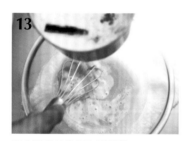

加入煮沸的牛奶和香草莢

將牛奶A和香草莢(剖開的豆莢和籽)放入小鍋中,以中火加熱。稍微煮滾後,一點一點地加入12中,用打蛋器以畫圓的方式攪拌。

14

加熱至80℃

把金屬網和石棉網疊放在爐子上,將13以中火加熱。用木鏟以前後移動的方式攪拌,以免打發。同時加熱至80℃。

完成 ▶▶▶

15

用細目濾網過濾,冷卻

用細目濾網過濾後,下面墊著冰水以木鏟攪拌,冷卻至5℃左右。

16

加入牛奶和白橙皮酒

取120g的15,加入牛奶B和庫拉索橙皮酒後,用打蛋器以畫圓的方式攪拌。去除表面的氣泡後,放入冰箱冷藏室冷卻。

17

盛盤

將湯匙浸入50℃的熱水中加熱後,瀝乾水分,舀起足量的慕斯,盛入盤中。在慕斯的周圍倒入英式蛋奶醬。

Crêpe Suzette
橙香可麗餅

將事先煎好的餅皮加熱後再享用，甜點店般的橙香可麗餅。
煎好 ...灣亮的總紗紋路是美味的保證。

材料（5～6片份）

◎可麗餅麵糊

全蛋……81g

細砂糖……38g

牛奶……250g

低筋麵粉……75g

奶油（澄清奶油用）……適量

◎柳橙風味奶油

奶油……100g

糖粉……80g

　柳橙皮（磨成碎末）*……1個份

　細砂糖……⅔小匙

庫拉索橙皮酒（酒精濃度60°）……10g

干邑白蘭地*……15g

＊柳橙皮和細砂糖也可以改用柳橙香精8g取代。

＊法國干邑區生產的葡萄發酵蒸餾酒。也可以用庫拉索橙皮酒代替。

◎柳橙風味砂糖*

柳橙皮（磨成碎末）……½個份

細砂糖……80g

＊也可以使用柳橙香精3g、細砂糖60g。

預先準備

· 製作澄清奶油。將奶油放入小鍋中，以很小的小火加熱融化（不要煮沸）。離火後暫時放置在溫暖的地方。去除表面的脂肪後，放入冰箱冷藏室保存。不要使用殘留在底部的乳清。

· 將要用來製作柳橙風味奶油的奶油切成薄片，放在室溫中回軟。

· 將要用來製作柳橙風味奶油的柳橙皮碎末和細砂糖，以抹刀搓磨混合直到釋出水分，使香味散發出來（p90）。

◎**美味的製作重點**

※1……攪拌過度的話會出筋，口感會變差，請多加留意。

※2……讓麵糊充分休息，鬆弛筋度。注意不要讓麵糊腐敗。

※3……以澄清奶油煎餅皮，與普通的奶油相較之下比較不容易煎焦。

◎**煎好餅皮的標準**

餅皮的表面是乾的，煎出很深的金黃色縐紗紋路。

◎**享用期限**

煎好後立即享用。或是放入冰箱冷藏室保存，以烤箱加熱後再享用。

製作可麗餅麵糊 ▶▶▶

1

將全蛋、細砂糖、牛奶拌勻

將全蛋和細砂糖用打蛋器以直線移動的方式攪拌，直到顏色變白。加入牛奶20g攪拌。

2

加入低筋麵粉

將低筋麵粉一次加入，以畫圓的方式慢慢攪拌至幾乎沒有結塊為止（※1）。

3

加入牛奶攪拌

將牛奶230g的⅓分成5次加入，每次都以畫圓的方式慢慢攪拌30次左右。加入剩餘的牛奶，以畫圓的方式迅速攪拌，然後用細目濾網過濾。倒入密閉容器中，放入冰箱冷藏室靜置2晚以上（※2）。

4

將麵糊倒入平底鍋中

在平底鍋中放入澄清奶油5g左右,以中火加熱融化(※3)。稍微冒煙之後,以湯勺將1勺可麗餅麵糊舀入鍋中。

5

以小火煎麵糊

讓麵糊布滿整個鍋中,以小火煎。用抹刀稍微撩起餅皮,比較容易將餅皮剝離鍋底。

6

翻面,兩面都要煎

待背面出現深一點的金黃色縐紗紋路之後翻面,另一面以相同的方式煎。煎好之後放涼。

製作柳橙風味奶油 ▶▶▶

7

將糖粉加入奶油中

以木鏟將奶油攪拌成髮蠟狀。將糖粉分成5次加入,每次都以切拌的方式混拌,然後以畫圓的方式攪拌50次左右。

8

添加柳橙皮的風味

加入已經搓磨混合的柳橙皮和細砂糖攪拌。將庫拉索橙皮酒和干邑白蘭地分成5次加入,每次都要攪拌均勻。

製作柳橙風味砂糖 ▶▶▶

9

將柳橙皮和細砂糖混合

將細砂糖和柳橙皮碎末放入缽盆中,用手以搓揉的方式混合。

完成 ▶▶▶

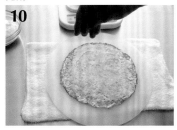

10

塗上柳橙風味的奶油和砂糖

將**6**放涼的可麗餅皮攤平,以抹刀塗上柳橙風味奶油。再撒上柳橙風味砂糖。

11

在盤中排好後烘烤

摺成一半,再次塗上奶油後撒上砂糖。然後再摺成一半,排列在盤子中,放入烤箱加熱。
微波烤箱:150℃烤7〜8分鐘
瓦斯烤箱:150℃烤7〜8分鐘
最好能讓柳橙風味奶油融化後充分加熱。

橙香可麗餅的變化款

香草冰淇淋可麗餅佐蘭姆酒醬汁

蘭姆酒醬汁的苦味和冰淇淋是絕妙的組合。
溫熱與冰涼的反差也很有趣的一道甜點。

材料〔2個份〕

◎可麗餅麵糊

＊依照與p122相同的材料、要領製作，但是加入牛
奶之後要加入細椰絲39g一起攪拌。以平底鍋煎好
後，放涼備用。

◎蘭姆酒醬汁〔3～4個份〕

鮮奶油……80g

細砂糖（焦糖用）……24g

蘭姆酒漬葡萄乾……20g

葡萄乾的醃汁……7g

細砂糖……5g

蘭姆酒……8g

香草冰淇淋（市售品）……適量

製作蘭姆酒醬汁 ▶▶▶

1 鮮奶油加熱至60～70℃。

2 將細砂糖（焦糖用）放入銅缽盆中，開火加熱，
以湯匙攪拌，煮焦至稍微變成紅色，出現苦味為止
（**a**）。

3 一面將**1**加入**2**中，一面以打蛋器迅速攪拌。

4 加入蘭姆酒漬葡萄乾和葡萄乾的醃汁，斟酌加
入細砂糖，調整甜味。

5 在快要煮滾之前加入蘭姆酒，然後離火。

完成 ▶▶▶

6 將可麗餅的餅皮攤平，再將攪拌得很柔軟的香
草冰淇淋取一半放在餅皮上，然後如同照片**b**一樣
包起來。

7 將**6**盛裝在溫熱的盤子中，淋上熱騰騰的蘭姆
酒醬汁。立即享用。

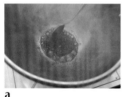

a

b

Truffes au Curaçao
橙香松露巧克力

才剛喀的一聲咬下巧克力表面，
巧克力甘納許就融入口中，隱約散發出柳橙香。
因為非常柔軟，所以雖然要稍微費點心思製作，
但是為了入口即化的口感還是很值得。

材料〔直徑25mm的巧克力球約20個份〕

鮮奶油……83g

水……15g

甘納許用的甜巧克力*……130g

庫拉索橙皮酒（酒精濃度60°）……6g

「柳橙皮*（磨成碎末）……1個份

└細砂糖……⅔小匙

披覆用巧克力*……適量

可可粉、糖粉……適量

＊甘納許用巧克力所含的可可脂，比起普通甜點用的巧克力來得少，不容易產生分離的現象。
＊柳橙皮和細砂糖也可以用柳橙香精9g代替。
＊披覆用巧克力不需要調溫，融化攪拌後即可使用。也可以改以相同分量的甜點用甜巧克力和西式生巧克力混合後使用。

預先準備

・將甘納許用的甜巧克力切細。

・將柳橙皮碎末和細砂糖以抹刀搓磨混合直到釋出水分，使香味散發出來。

・將披覆用巧克力隔水加熱，調整成40℃。

・將可可粉過篩。

◎**美味的製作重點**

※1……因為是柔軟的巧克力甘納許，所以冷卻凝固一晚後比較容易處理。

※2……用力的話巧克力甘納許會變軟，請多加留意。

◎**享用期限**

放入密閉容器中，置於冰箱冷藏室可以保存1週左右。享用前置於室溫中稍微回溫。

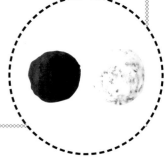

製作甘納許巧克力 ▶▶▶

1

將鮮奶油和巧克力溶解

在銅缽盆中放入鮮奶油和水，以小火加熱。升溫至80℃之後關火，加入切細的巧克力，用打蛋器以畫圓的方式仔細攪拌至融化。

2

添加柳橙的香氣

將庫拉索橙皮酒分成3次加入，每次都以畫圓的方式攪拌50次左右。加入搓磨混合的柳橙皮和細砂糖，以畫圓的方式攪拌20次左右。

3

放在冷藏室中冷卻凝固

將2放入有深度的小缽盆中，攪拌之後以保鮮膜密封起來。放在5℃以下的冰箱冷藏室中冷卻一晚，使之凝固（※1）。

做成巧克力球 ▶▶▶

4

以挖球器挖取巧克力甘納許

將挖球器以直火烤3～4秒，然後插入巧克力甘納許中。用力地舀取少許，迅速地旋轉到另一側，挖成巧克力球。放在鋪了烘焙紙的長方盤中。

5

放入冷藏室冷卻凝固

在挖球時巧克力甘納許會出現凹洞，所以要一面以刮板弄平一面挖取。然後放入冰箱冷藏室10～15分鐘至冷卻凝固。

6

用手輕輕揉圓

將冷卻後的巧克力甘納許放在手中，不要施力，只將表面揉圓（※2）。

7

將表面抹平

取用適量已融化的披覆用巧克力，放在掌心，然後薄而均勻地逐一裏在**6**的巧克力球上。巧克力變硬的話加熱回溫至17～20℃。

完成 ▶▶▶

8

裹上披覆用巧克力

將**7**逐一浸入已融化的披覆用巧克力中。以巧克力叉撈起，讓多餘的巧克力滴落。

9

沾裏可可粉

將**8**輕輕地放在鋪滿可可粉的長方盤中，以巧克力叉滾動沾裏。凝固之後讓多餘的可可粉落下，立即放入密閉容器等，置於冰箱冷藏室保存。

10

沾裏糖粉

也可以改用糖粉代替可可粉沾裏在巧克力球上。以巧克力叉滾動沾裏，凝固之後放入密閉容器等，置於冰箱冷藏室保存。

◎巧克力的保存

巧克力不耐濕氣，所以製作完成後要立即裝入盒子等容器中，再以保鮮膜等密封，然後放入冰箱冷藏室保存。要以低溫保存，相反地，享用時則需先慢慢回溫至17～20℃。這是要品嘗美味巧克力的要領。此外，將巧克力從冷藏室取出，置於室溫中的時候，一定要保持密封的狀態。因為如果突然暴露在空氣中，巧克力球表面會有一層水珠附著。

Pavés de Chocolat
生巧克力

情人節時何不嘗試以特製的手工巧克力作為贈禮呢？
作法簡單卻非常精緻。在口中瞬間融化，讓嘴裡充滿濃郁的味道。

材料〔18cm的方形模框1個份〕
   （2.5cm見方的巧克力49個份）〕

Cocolin椰子油*……42g
鮮奶油（乳脂肪成分35%）……82g
水麥芽……23g
甘納許用的甜巧克力*……195g
黑蘭姆酒……9g
可可粉、糖粉……各適量
*太陽油脂株式會社的椰子硬化油。
可以用酥油代替。

預先準備

· 將甘納許用的甜巧克力切細。
· 將方形模框放在長方盤上，將保鮮膜由
　變成底部的部分貼附到側面。

◎**美味的製作重點**

※1……這裡如果沒有先攪拌均勻的話，稍後有時會
產生分離的現象。
※2……將黑蘭姆酒改用櫻桃白蘭地、卡爾瓦多斯
蘋果白蘭地、柳橙或覆盆子的白蘭地（蒸餾酒）等取
代，製作出的成品也很美味。
※3……急速冷凍的話會產生裂痕，所以放入冰箱冷
藏室充分冷卻。

◎**享用期限**

放入密閉容器中，置
於冰箱冷藏室可以保
存1週左右。享用前
先置於室溫中稍微回
溫。

製作巧克力甘納許 ▶▶▶

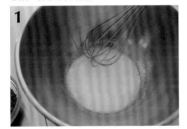

1

將椰子油、鮮奶油、水麥芽煮沸
將椰子油以小火加熱，溶化之後放入鮮奶
油、水麥芽，以打蛋器攪拌。

2

加入巧克力，使之融化
煮滾之後加入巧克力，以畫圓的方式攪拌。
融化之後以橡皮刮刀將缽盆周圍刮乾淨，
然後再以畫圓的方式攪拌50次左右（※1）。

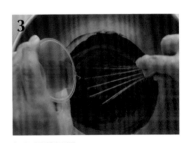

3

加入黑蘭姆酒
充分攪拌，出現光澤之後，加入黑蘭姆酒攪
拌均勻（※2）。

完成 ▶▶▶

4

倒入模具中，冷卻凝固
倒入方形模框中，然後搖動長方盤讓表面
變平整。放涼之後，放置在10℃左右的地方
3〜4小時，冷卻凝固（※3）。

5

切開巧克力
將巧克力連同保鮮膜一起提起來，脫模。剝
除保鮮膜，用以直火加熱過的刀子切成2.5
cm見方的方形。

6

撒上可可粉或糖粉
在長方盤中鋪上紙，再將**5**一片片地排好。
以小濾網將可可粉或糖粉撒在巧克力上。

Bûche au Champagne
香檳風味樹幹蛋糕

加深耶誕節歡樂氣氛的純白色聖誕樹幹蛋糕。
在芭芭羅瓦凍或鮮奶油霜中加入香檳酒，製作出豪華的蛋糕。

材料〔24.5×7.5×高5.5㎝的半圓柱形慕斯模1個份〕

◎手指餅乾片

〔18㎝的方形烤盤2個份〕

蛋黃……48g

細砂糖……45g

蛋白霜

蛋白……80g

細砂糖……36g

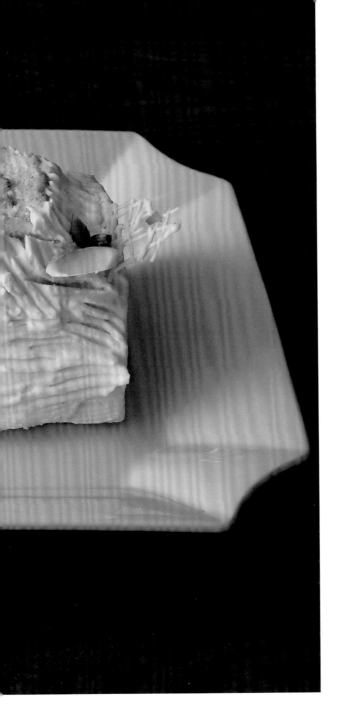

◎香檳風味芭芭羅瓦凍
蛋黃……35g
細砂糖……60g
白酒……40g
香檳酒……55g
吉利丁粉……3g
冷水……15g
檸檬的榨汁……15g
香檳香精＊(香料)……23g
鮮奶油……120g

◎香檳風味白巧克力鮮奶油霜
鮮奶油……202g
甜點用的白巧克力……65g
香檳酒……10g
香檳香精＊(香料)……5g

◎裝飾
開心果(去皮)……適量
蛋白霜小蘑菇(p133)……適量
白巧克力薄片……適量
＊沒有香檳香精的話，不加也無妨。

預先準備
・將18cm的烤盤塗上奶油(分量外)，鋪上烘焙紙。
・製作糖漿。將檸檬皮碎末和細砂糖8g，以抹刀搓
　磨混合直到釋出水分，使香味散發出來。將香檳
　酒、白酒、細砂糖混合在一起。
・在吉利丁粉中加入冷水泡開。
・將芭芭羅瓦凍用的鮮奶油打發備用。
・將白巧克力切細。

低筋麵粉、高筋麵粉……各40g
糖粉……適量

◎糖漿
檸檬皮(磨成碎末)……¾個份
細砂糖……8g
香檳酒……58g
白酒……25g
細砂糖……適量

◎美味的製作重點
※1……使用耐熱玻璃缽盆的話，熱度能溫
和地傳導，製作出滑順的成品。
※2……攪拌過度的話口感會變差。
※3……依照個人的喜好，可以用手工精巧
的杏仁蛋白霜等熱鬧地裝飾。

◎烘烤完成的標準
表面和底部都烤成金黃色。為了讓糖漿或芭
芭羅瓦凍的水分滲入
也不會變得糊爛，要
充分地烘烤。

◎享用期限
當天～隔天。
放入冰箱冷藏室保
存。

製作手指餅乾片 ▶▶▶

1

製作麵糊

依照p105「製作手指餅乾」**1~6**的要領製作麵糊。

2

將麵糊擠在烤盤上

將麵糊填入已裝好10mm圓形擠花嘴的擠花袋中,在烤盤上毫無空隙地橫向擠出麵糊。撒上糖粉至蓋滿表面的程度,放置5分鐘左右再度撒上糖粉。

3

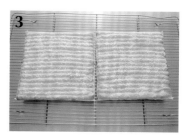

烘烤麵糊

烤到變成金黃色為止,連同烘焙紙一起放在網架上放涼。
微波烤箱:190℃烤12分鐘
瓦斯烤箱:180℃烤12分鐘

組合 ▶▶▶

4

將手指餅乾片切開

將2片手指餅乾如照片所示切開來。
A:18×14cm、A':6.5×14cm、B:5×24.5cm、C:2×20cm、D:2×18cm(B和C最好是以好幾片組合起來,變成這樣的大小)。

5

塗上糖漿

把紙裁成24.5×14cm,再將A和A'手指餅乾的烘烤面朝下放置。以毛刷塗上大量的糖漿。B、C、D也塗上糖漿。

6

將手指餅乾片鋪在半圓柱形慕斯模中

將A和A'的手指餅乾片連同紙鋪在半圓柱形慕斯模中,放入冰箱冷凍室冷卻。B、C、D放在長方盤等器具中,再放入冰箱冷藏室冷卻。

製作香檳風味芭芭羅瓦凍 ▶▶▶

7

在蛋黃中加入白酒、香檳酒

在耐熱玻璃缽盆中放入蛋黃和細砂糖,用打蛋器以直線移動的方式攪拌。顏色變白之後一點一點地加入白酒和香檳酒,以畫圓的方式攪拌均勻(※1)。

8

加熱至80℃

把金屬網和石棉網疊放在爐子上,將7以很小的小火加熱。用打蛋器攪拌底部,慢慢地加熱至80℃。

9

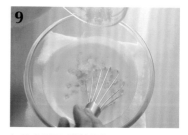

加入吉利丁,攪拌均勻

立即離火,然後加入已經泡開的吉利丁,攪拌均勻。

10

以細目濾網過濾,冷卻

以細目濾網過濾後移入缽盆中,下面墊著冰水迅速攪拌,冷卻至40℃。移離冰水後,加入檸檬的榨汁、香檳香精。然後冷卻至18℃。

11

加入鮮奶油

加入1勺打發的鮮奶油後以畫圓的方式攪拌,大略混拌後以由底部往上舀起的方式攪拌。將剩餘的鮮奶油分成2次加入,每次都以相同的方式攪拌。

12

將芭芭羅瓦凍上下翻轉

將芭芭羅瓦凍移入先前裝鮮奶油的缽盆中,讓上下翻轉。下面墊著冰水攪拌至均勻。

製作香檳風味白巧克力鮮奶油霜 ▶▶▶

13

將芭芭羅瓦凍倒入模具中

將**12**倒入**6**的半圓柱形慕斯模中,抹平表面。將B的手指餅乾塗抹糖漿那面朝下排列。放入冰箱冷藏室1小時左右,冷卻凝固。

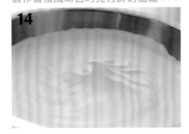

14

將鮮奶油打發

用手持式電動攪拌器(2根攪拌棒)將鮮奶油墊著冰水打發至出現軟垂的尖角。將鮮奶油霜降溫至大約10℃。

15

將白巧克力加熱

將白巧克力以40～50℃的熱水隔水加熱,使之融化。將熱水加溫後,讓巧克力升溫至80℃。

16

在14中加入香檳酒和15

在**14**中加入香檳酒和香檳香精,然後一面加入**15**一面用打蛋器以畫圓的方式攪拌,再以由底部舀起的方式迅速攪拌(※2)。

完成 ▶▶▶

17

將手指餅乾捲起做成樹樁

事先將C、D的手指餅乾烘烤面朝下。將**16**填入已裝好寬15mm平口擠花嘴的擠花袋中,擠在手指餅乾上,然後捲起來做成樹樁。

18

裝飾樹樁

由**13**的半圓柱形慕斯模中取出手指餅乾,放在厚紙板(襯紙)上。在適當的位置上擠出少許**16**的鮮奶油霜,放上樹樁後輕輕按壓,讓它固定。

19

擠出白巧克力奶油霜

將**16**的鮮奶油霜擠在樹樁的底部像是圍著樹樁一樣。其他部分則像是要覆蓋手指餅乾一樣,橫向擠出。將叉子浸入溫水中,瀝乾水分後刻劃出樹木的紋路。最後以開心果、蛋白霜小蘑菇和白巧克力薄片裝飾(※3)。

◎以瑞士蛋白霜製作的小蘑菇

材料
蛋白……80g
細砂糖……120g
可可粉……適量

1 蛋白和細砂糖以火加熱,用打蛋器一面攪拌一面加熱至60℃。

2 使用手持式電動攪拌器(2根攪拌棒)以高速攪打3分鐘～3分30秒左右,將蛋白打發至尖角挺立。

3 將蛋白霜填入已裝好10mm圓形擠花嘴的擠花袋中,擠出菇柄和菇傘的形狀。菇傘輕輕撒上可可粉。

4 微波烤箱以130℃烤40分鐘,瓦斯烤箱以110℃烤40分鐘。先從菇柄烤起,稍後再將菇傘放入烤箱。待菇傘的表面乾燥後,將菇傘放在菇柄上再烘烤。

◎製作

雨落塞納河甜點店
（PATISSERIE IL PLEUT SUR LA SEINE）

持續製作別的地方模仿不來的
頂尖法式甜點

從1986年12月開店以來，本店秉持著弓田亨的強烈決心，「要在風土和素材都與法國迥異的日本，製作出充滿多樣性、多重性的法式甜點」，持續地製作出風味純正的法式甜點。我們引以為傲的是，不論哪一款甜點都具有不會被時代淘汰，是能觸動品嘗者的感官，令人震憾、進而引起共鳴的超群美味。

如同法國當地的甜點店一樣，店裡有因應季節設計的原創甜點、基本款法式甜點、小型巧克力、酥皮類甜點、常溫糕點、家常菜等，除此之外，也很注重持續製作聖誕節的史多倫聖誕麵包和聖誕樹幹蛋糕、主顯節的國王派等傳統甜點。而且，為了能在真正美味的狀態下享用，本店對於品嘗甜點的溫度也很講究。因此，有的甜點只有在店內才供應。請大家務必親自到店裡來看看。

媒體也多次報導的熱門商品「鹹餅乾」，以及五彩的達克瓦茲餅、磅蛋糕、天然素材的馬卡龍、聖地牙哥塔等，作為代官山伴手禮的熱門禮盒商品，店裡大部分都準備齊全。

◎教學

沒有謊言和迷信的
法式甜點、料理教室

由店主兼甜點師傅弓田亨親自指導。
自己也能親手重現甜點店的味道。

自1988年開課以來，在與學員的實作中，逐漸建構起以少量製作為目的的甜點製作技術。我們的技術絕非以甜點高手為主，而是專為初學者所研發的技術。即使是初學者，也能在短時間之內確實地製作出與對面甜點店中陳列甜點同樣的美味點心。入學半年之後，會變成除了雨落塞納河的甜點和自己製作的甜點之外，其他的甜點都難以入口。

而且，大部分曾經是初學者的學員，都能擁有實際的技術和自信，2～3年後自行開店，這種事也是很有可能的，真是充滿奇蹟的教室。

全年課程

法式甜點本科第1級
1堂課中實作2～3道甜點，
每個人會獨立製作1道甜點。

輕鬆做西式甜點科（舊：入門速成科）
指導學員，讓每個人都能輕鬆做出草莓鮮奶油蛋糕和栗子塔。

法式料理
學習製作不惜耗時費工、道地的法式料理。

特別講習會
每年夏天舉辦弓田亨新作甜點發表會「雨落塞納河的1年」
丹尼·盧菲爾（Denis Ruffel）先生「法式甜點、料理技術講習會」

---

1 day課程
戚風蛋糕講習會、弓田亨講習會、
盧菲爾先生復刻版食譜講習會、夏季·冬季講習會、
小型巧克力講習會、飯食和配菜的復興運動講習會等等

其他還有體驗課程、免費參觀等。
請隨時洽詢教室（TEL 03-3476-5196）。

甜點店、教室等的相關訊息請參閱
生動而詳盡的官網。
http://www.ilpleut.co.jp

◎素材的開發

甜點材料的進口銷售／進口銷售部

**將熟知法式甜點味道的甜點師傅所挑選的
優秀素材自歐洲運抵國內。
在這裡有超出各位常識範圍的素材。**

十幾年前，因為我有個想法，希望能使用品質、美味程度都與法國相同的素材，在日本做出真正美味的法式甜點，所以一頭栽進完全未知的領域。我總是固執地追求自己認定的「法式風味」，運用我在甜點師傅生涯中全部的知識和經驗，抱持執念，主要在法國、西班牙等地尋找素材，每一樣的味道都很出色，這是我深感自豪的。以歷經重重困難而造就今天的、可以稱之為「頑固」的甜點師傅的氣魄，加上甜點店的敏銳觀點所收集而來的優秀素材，即使只有一個人也好，我想讓大家看看這些素材。而且，我希望大家能了解，以絕佳的素材製作甜點是令人非常興奮的一件事，可以為甜點師傅的生涯增添色彩。

弓田亨

雨落塞納河食材店

**對於能讓身心皆愉悅的真正美味，
講究要直接觀看、觸摸、試用的甜點材料店**

於2009年秋天從惠比壽搬遷至代官山的教室內。前所未有地與甜點店、教室聯合營運，以成為可以親手接觸真正美味的素材，確認過後再購買的店鋪為特色重新開幕。
除了「雨落塞納河」製作甜點時必備的、由弓田亨精選收集的優秀食材之外，店內還販售橄欖油和小魚乾等弓田亨近年來所投入日本家庭料理「ごはんとおかずのルネサンス（暫譯：飯食和配菜的復興運動）」的食材，以及自2013年3月起開賣的「奇跡的葡萄酒」等。由熟稔「雨落塞納河」的甜點製作、復興運動飯食製作的工作人員細心地接待。路過這裡時請務必順道前來一探究竟。

◎傳授

甜點店是出版社！／出版部

實際參與企劃、編輯、出版專為專業人士、想成為專業人士、喜歡製作甜點的人士所設計的正宗法式甜點、料理書，以及重新調理日本人身心的「ごはんとおかずのルネサンス（暫譯：飯食和配菜的復興運動）」系列書籍。

イル・ブルーのパウンドケーキ おいしさ変幻自在
（暫譯：一次學會磅蛋糕製作教室）

ちょっと正しく頑張れば こんなにおいしいフランスの家庭料理
（暫譯：稍微正確地加把勁就能做出如此美味的法式家庭料理）

新版 ごはんとおかずのルネサンス
（暫譯：新版 飯食和配菜的復興運動基本篇）

おいしいおっぱいと大人ごはんから取り分ける離乳食
（暫譯：美味的母乳以及取自成人飯食的斷奶食物）

洽詢處相關資訊

甜點方面……
甜點店

TEL 03-3476-5211
FAX 03-3476-5212
營業時間 11:30～19:30
週二公休（如遇節日改為隔天休）
☆線上也受理禮盒訂購。

講習會方面……
教室

TEL 03-3476-5196
FAX 03-3476-5197
☆線上也受理1 day課程等課程報名。

材料方面……
食材店

TEL 03-3476-5160
營業時間 11:30～19:30
週二公休（如遇節日改為隔天休）
網路販售 食材店樂天市場
http://www.rakuten.ne.jp/gold/ilpleut/

☆如需訂購、索取型錄、查詢相關事宜，請以下列進口銷售部的TEL、FAX聯絡。

150-0033
東京都渋谷区猿楽町17-16
代官山フォーラム2F
交通路線 東急東横線「代官山」站下車，
徒步5分鐘
東急巴士TRANSSES於
「代官山T site」下車，立即抵達

專業取向的甜點材料方面……
進口銷售部

TEL 03-3476-5195
FAX 03-3476-3772

書籍方面……
出版部

TEL 03-3476-5214
FAX 03-3476-3772
Email edition@ilpleut.co.jp
☆在日本全國的書店皆可購得。

全部詳情請見
www.ilpleut.co.jp

椎名眞知子

「雨落塞納河 IL PLEUT SUR LA SEINE」
法式甜點、料理教室副校長

1987年在法國國立高等甜點學校研修。回國後，一邊在西點教室擔任講師，一邊持續學習，成為以弓田亨先生為代表的法式甜點店「雨落塞納河」法式甜點教室的第1期學員。自1995年起擔任甜點教室的職員，同時還在巴黎「尚·米耶（Jean Millet）」甜點店等處進修研習。談吐舉止溫和文雅，但對於製作美味的甜點和料理的態度卻充滿活力。目前是「雨落塞納河」不可或缺的重要成員。近期著作有《イル·プルーのパウンドケーキ おいしさ変幻自在》、《ちょっと正しく頑張れば こんなにおいしいフランスの家庭料理》等將教室的食譜集結而成的書，以及打造日本人身心健康的《ごはんとおかずのルネサンス》系列。

日文版製作人員　山﨑かおり
　　　　　　　　長谷川有希
　　　　　　　　高嶋愛
　　　　　　　　菅野華愛
　　　　　　　　玉木愛純

日文版編輯　　中村方映

IL PLEUT SUR LA SEINE
日本名店「雨落塞納河」的
甜點教科書

2016年1月1日初版第一刷發行
2017年5月1日初版第三刷發行

作　　者　椎名眞知子
譯　　者　安珀
編　　輯　黃嫣容
發 行 人　齋木祥行
發 行 所　台灣東販股份有限公司
　　　　　＜地址＞台北市南京東路4段130號2F-1
　　　　　＜電話＞(02)2577-8878
　　　　　＜傳真＞(02)2577-8896
　　　　　＜網址＞http://www.tohan.com.tw
郵撥帳號　1405049-4
新聞局登記字號　局版臺業字第4680號
法律顧問　蕭雄淋律師
總 經 銷　聯合發行股份有限公司
　　　　　＜電話＞(02)2917-8022
香港總代理　萬里機構出版有限公司
　　　　　＜電話＞2564-7511
　　　　　＜傳真＞2565-5539

購買本書者，如遇缺頁或裝訂錯誤，
請寄回調換（海外地區除外）。
Printed in Taiwan

TOHAN

國家圖書館出版品預行編目資料

日本名店「雨落塞納河」的甜點教科書/
椎名眞知子作；安珀譯. -- 初版. --
臺北市：臺灣東販，2016.01
　　面；　公分
　　ISBN 978-986-331-923-8(平裝)

1.點心食譜

427.16　　　　　　　　　104026668